液压与气压传动

（第2版）

主　编　李亚利
副主编　陈　峥　陆学胜　陈世建
主　审　杨　健

北京理工大学出版社
BEIJING INSTITUTE OF TECHNOLOGY PRESS

内 容 提 要

本书根据教育部关于高等院校液压与气压传动课程教学的基本要求，并结合编者多年从事教学、生产实践的经验编写而成。全书共十一章，主要介绍了液压与气压传动的认知，流体力学基础，液压与气压传动元件的结构、工作原理及应用，液压与气压基本回路和典型系统的组成与分析，液压系统的使用与维护等内容。各章内容由任务导读、任务引入、任务分析、基本知识、任务实训、技能点、知识拓展、习题与思考题等组成一个完整的课程教学框架，以培养学生的综合能力与创造性思维，便于分层教学。

本书可作为高等院校机械类、机电类和近机类专业的教材。

图书在版编目（CIP）数据

液压与气压传动/李亚利主编. —2 版. —北京：北京理工大学出版社，2019.11（2019.12 重印）

ISBN 978 – 7 – 5682 – 7943 – 7

Ⅰ. ①液…　Ⅱ. ①李…　Ⅲ. ①液压传动 – 高等学校 – 教材　②气压传动 – 高等学校 – 教材　Ⅳ. ①TH137　②TH138

中国版本图书馆 CIP 数据核字（2019）第 246049 号

出版发行 / 北京理工大学出版社有限责任公司

社　　址 / 北京市海淀区中关村南大街 5 号

邮　　编 / 100081

电　　话 / （010）68914775（总编室）

　　　　　　（010）82562903（教材售后服务热线）

　　　　　　（010）68948351（其他图书服务热线）

网　　址 / http：//www.bitpress.com.cn

经　　销 / 全国各地新华书店

印　　刷 / 唐山富达印务有限公司

开　　本 / 787 毫米 × 1092 毫米　1/16

印　　张 / 14.5　　　　　　　　　　　　　　　　责任编辑 / 张旭莉

字　　数 / 340 千字　　　　　　　　　　　　　　　文案编辑 / 张旭莉

版　　次 / 2019 年 11 月第 2 版　2019 年 12 月第 2 次印刷　　责任校对 / 周瑞红

定　　价 / 39.00 元　　　　　　　　　　　　　　　责任印制 / 李志强

图书出现印装质量问题，请拨打售后服务热线，本社负责调换

前　言

　　本书是根据我国教育部对高等教育人才培养目标的要求，结合高等教育人才培养特点和编者的教学与实践经验编写而成的。教材较全面地阐述了液压与气压传动的基本概念，力求突出应用能力和综合素质的培养，尽力使教材的内容以真实项目为引导，凸显学生应用能力和综合素质的培养。"液压与气压传动"具有很强的实践应用性，在学习本课程的过程中，除了课堂教学外，还应通过实验、现场教学等方法来学习。各学校在使用本教材时可根据具体情况进行取舍。

　　全书共十一章内容，第一～第八章为液压传动部分，第九～第十一章为气压传动部分。本书主要介绍了液压与气动的基本知识，常用元件的装调及其工作原理；通过实际的液压与气动系统，在对结构特点和性能分析的基础上，对液压与气动系统的使用、维护等实际问题进行了阐述。参与本书编写的有重庆工业职业技术学院李亚利（第三章、第四章、第五章、第七章）、陈峥（第一章、第二章、附录）、陆学胜（第九章、第十章、第十一章）、陈世建（第六章、第八章）。考虑到液压与气动之间存在较多的共性，为避免不必要的重复，教材中对气动技术的相关内容进行了适当的压缩。

　　本书由李亚利任主编，陈峥、陆学胜、陈世建任副主编，全书由重庆科技大学杨健主审。本书可作为高等院校机械类、机电类和近机类专业的教材。

　　本书在编写过程中得到了兄弟院校和相关企业、工程人员的大力支持和帮助，在此表示衷心感谢。由于编者水平有限，书中如有不足之处恳请各位读者批评指正，以便修订时改进。

编　者

目　　录

第一章 液压传动认知

任务导读

1. 液压传动的工作原理。
2. 液压传动的组成及作用。
3. 液压传动的优缺点。

第一节 认识液压传动工作

一、任务引入

液压千斤顶如图 1-1 所示，它是常用的举升设备，利用液压传动系统来完成对重物的举升操作。图 1-2 所示为机械加工企业中常见的平面磨床，它也是利用液压传动系统来完成工作台的往复运动，以实现磨削加工的。那么，什么是液压传动？液压传动系统是如何工作的呢？

图 1-1 液压千斤顶

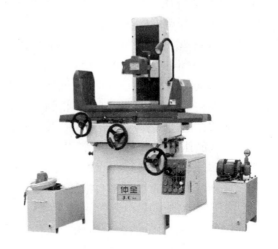

图 1-2 平面磨床

二、任务分析

液压与气压传动技术是机械设备中发展速度最快的技术之一，特别是近年来，随着机电一体化技术的发展，与微电子、计算机技术相结合，液压与气压传动进入了一个新的发展阶段。其广泛地应用在机械制造业、起重设备、矿山机械、工程机械、农业机械、化工机械以及军事行业中。特别是在机床行业中，常应用液压与气压传动技术来实现机床往复、机床回转、机床进给、机床仿行及各种辅助运动。

液压与气压传动技术是以流体——液压油液或压缩空气为工作介质进行能量传递和控制的一种传动形式，它们的工作原理基本相同。

三、基本知识

(一) 液压传动的工作原理

液压传动是指用液体作为工作介质，借助于液体的压力能进行能量传递和控制的一种传动形式。利用各种元件组成不同功能的基本控制回路，再由基本控制回路根据系统要求组成具有一定控制机能的液压传动系统。

液压千斤顶是机械行业常用的工具，常用这个小型工具顶起较重的物体。下面以它为例简述液压传动的工作原理。图1-3所示为液压千斤顶的工作原理。液压千斤顶有两个液压缸1和6，内部分别装有活塞，活塞和缸体之间保持良好的配合关系，不仅活塞能在缸内滑动，而且配合面之间也能实现可靠的密封。当向上抬起杠杆时，液压缸1的活塞向上运动，液压缸1的下腔容积增大形成局部真空，单向阀2关闭，油箱4中的油液在大气压的作用下经吸油管顶开单向阀3进入液压缸1下腔，完成一次吸油动作。当向下压杠杆时，液压缸1的活塞下移，液压缸1的下腔容积减小，油液受挤压，压力升高，关闭单向阀3，液压缸1腔的压力油顶开单向阀2，油液经排油管进入液压缸6的下腔，推动大活塞上移顶起重物。如此不断上下扳动杠杆就可以使重物不断升起，达到升降的目的。

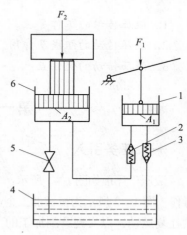

图1-3 液压千斤顶的工作原理
1，6—液压缸；2，3—单向阀；
4—油箱；5—截止阀

如杠杆停止动作，液压缸6的下腔油液压力将使单向阀2关闭，液压缸6的活塞连同重物一起被自锁，停在举升位置。如打开截止阀5，液压缸6下腔通油箱，液压缸6的活塞将在自重作用下向下移，迅速恢复到原始位置。设液压缸1和6的面积分别为A_1和A_2，则液压缸1单位面积上受到的压力$p_1 = F_1/A_1$，液压缸6单位面积上受到的压力$p_2 = F_2/A_2$。根据流体力学的帕斯卡定律"平衡液体内某一点的压力值能等值地传递到密闭液体内各点"，则有$p_1 = p_2$。由此可知：系统工作的能量是来自液压能而不是动能，系统压力由外界负载决定。

(二) 液压传动的组成

图1-4所示为一简化的组合机床液压传动系统，其工作原理如下：

定量液压泵3由电动机驱动旋转，从油箱1经过滤油器2吸油。当换向阀5的阀芯处于图1-4（a）所示位置时，压力油经流量控制阀4、换向阀5和管道9进入液压缸7的左腔，推动活塞向右运动。液压缸右腔的油液经管道6、换向阀5和管道10流回油箱。当改变换向阀5阀芯的位置，使之处于左端时，液压缸活塞将反向运动。改变流量控制阀4的开口，可以改变进入液压缸的流量，从而控制液压缸活塞的运动速度。液压泵排出的多余油液经溢流阀11和管道12流回油箱。液压缸的工作压力取决于负载。液压泵的最大工作压力由溢流阀11调定，其调定值为液压缸的最大工作压力及系统中油液经阀和管道的压力损失之总和。因此，系统的工作压力不会超过溢流阀的调定值，且溢流阀对系统还起着过载保护作用。工作台的运动速度取决于流量大小，由流量控制阀4调节。

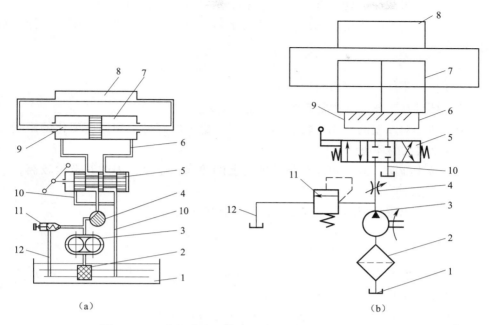

图1－4　组合机床液压传动系统的结构原理和图形符号

（a）结构原理；（b）图形符号

1—油箱；2—滤油器；3—定量液压泵；4—流量控制阀；

5—换向阀；7—液压缸；8—工作台；6，9，10，12—管道；11—溢流阀

从上述例子可以看出，一个完整的液压系统由以下四部分组成：

（1）能源装置——液压泵，实现能量转换，将电动机输出的机械能转化为压力能，给系统提供压力油。

（2）执行装置——液压缸和液压马达，实现能量转换，将压力能转化为机械能，推动负载做功。

（3）控制装置——包括压力、流量、方向等控制阀，实现对液压油压力、流量和方向等的控制。

（4）辅助装置——包括上述三部分以外的其他装置，如油箱、管路、蓄能器、滤油器、管接头、压力表等，实现对系统的连接，以实现各种工作循环。

如图1－4（a）所示的液压系统是一种半结构式的工作原理。它直观性强，容易理解，但难以绘制。工程实际中均采用元件的标准图形符号来绘制液压系统的原理图。图形符号仅表示元件的功能，不表示元件的具体结构及参数。一般采用 GB/T 786.1—2009 的图形符号（见附录）。图1－4（b）所示为采用标准图形符号绘制的液压传动系统。

（三）液压传动的优缺点

1. 优点

（1）体积小，质量小，结构紧凑。

（2）运动比较平稳，能在低速下稳定运动，易于实现快速启动、制动和频繁换向。

（3）可在大范围内实现无级调速。

（4）容易实现自动化，操纵方便。

（5）易于实现过载保护且液压元件能自行润滑，因此使用寿命较长。

（6）由于液压元件已实现了标准化、系列化和通用化，所以液压系统的设计、制造和使用都比较方便。

2．缺点

（1）液压传动不能保证严格的传动比。

（2）液压传动在工作过程中常有较多的能量损失。

（3）液压传动对油温的变化比较敏感，其工作稳定性容易受到温度变化的影响，因此不宜在温度变化很大的环境中工作。

（4）为了减少泄漏，液压元件在制造精度上的要求比较高，因此其造价较高，且对油液的污染比较敏感。

（5）液压传动出现故障的原因较复杂，而且查找困难。

四、任务实训

（1）参观液压实验实训场地，认识各种液压装置。

（2）操作液压千斤顶，了解液压传动中运动和动力的传递。

（3）图1-5所示为液压传动系统，认识各个组成部分及作用。

图1-5　液压传动系统

五、技能点

（1）液压传动原理的认知。

（2）能区分液压传动系统的各组成部分。

六、知识拓展

液压与气动技术的应用与发展概况

液压与气压传动相对于机械传动来说是一门新兴技术。在工程机械、冶金、军工、农机、汽车、轻纺、船舶、石油、航空和机床行业中，液压技术得到了普遍的应用。随着原子能、空间技术、电子技术等方面的发展，液压技术正向更广阔的领域渗透，已发展成为包括传动、控制和检测在内的一门完整的自动化技术。现今，采用液压传动的程度已成为衡量一个国家工业水平的重要标志之一。如发达国家生产的95%的工程机械、90%的数控加工中心、95%以上的自动线都采用了液压传动。

随着液压机械自动化程度的不断提高，液压元件应用数量急剧增加，元件小型化、系统集成化是必然的发展趋势。特别是近十年来，液压技术与传感技术、微电子技术密切结合，出现了许多诸如电液比例控制阀、数字阀、电液伺服液压缸等机（液）电一体化元器件，使液压技术在高压、高速、大功率、节能高效、低噪声、使用寿命长、高度集成化等方面取得了重大进展。此外，液压元件和液压系统的计算机辅助设计（CAD）、计算机辅助试验（CAT）和计算机实时控制也是当前液压技术的发展方向。

近年来，气动技术的应用领域已从汽车、采矿、钢铁、机械工业等重工业迅速扩展到化工、轻工、食品、军事工业等各行各业。和液压技术一样，当今气动技术亦发展成了包含传动、控制与检测在内的自动化技术，作为柔性制造系统（FMS）在包装设备、自动线和机器人等方面已成为不可缺少的重要手段。由于工业自动化以及FMS的发展，要求气动技术以提高系统可靠性、降低总成本及与电子工业相适应为目标，进行系统控制技术和机电液气综合技术的研究和开发。显然，气动元件的微型化、节能化、无油化是当前的发展特点；与电子技术相结合产生的自适应元件，如各类比例阀和电气伺服阀，使气动系统从开关控制进入反馈控制。计算机的广泛普及与应用为气动技术的发展提供了更加广阔的前景。

习题与思考题

1－1　简述液压传动的组成。

1－2　简述液压传动的特点。

1－3　如图1－6所示，在两个相互连通的液压缸中，已知大缸内径 $D=100$ mm，小缸内径 $d=20$ mm，大缸活塞上放置的物体质量为5 000 kg。问：在小缸活塞上所加的力 F 为多大时才能使大缸活塞顶起重物？

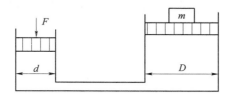

图1－6　题1－3图

第二章 液压传动流体认知

任务导读

1. 液压油的性质。
2. 液压油的选用要求。
3. 液体静压力及其基本方程。
4. 流体动力学知识。
5. 液压冲击和气穴现象。

第一节 液压油的性质及选用

一、任务引入

液压系统所用的液压油，不仅要完成运动和动力的传递任务，而且要完成运动部件的润滑任务，因此它既是工作介质又是润滑剂。正确合理地选用液压油，对保证液压系统正常工作、延长液压系统和液压元件的使用寿命，以及提高液压系统的工作可靠性等都有重要影响。那么如何选用液压系统的液压油呢？

二、任务分析

不同的液压系统由于工作环境和使用条件的不同，对所使用的液压油的要求也不一样。那么，液压系统对液压油有哪些要求？液压油有哪些品种？在液压油选用时又需要考虑哪些因素呢？

三、基本知识

1. 液压油的用途

（1）传递运动与动力。将泵的机械能转换成液体的压力能并传至各处，由于液压油本身具有黏度，故在传递过程中会产生一定的动力损失。

（2）润滑。液压元件内各移动部位都可受到液压油充分润滑，从而降低元件磨耗。

（3）密封。液压油本身的黏性对细小的间隙有密封作用。

（4）冷却。系统损失的能量会变成热，被液压油带出。

2. 液压油的主要性能指标

1）密度

单位体积液体的质量称为液体的密度。体积为 V，质量为 m 的液体密度 ρ 为

$$\rho = \frac{m}{V}$$

矿物油型液压油的密度随温度的上升而有所减小，随压力的提高而稍有增加，但变动值很小，可以认为是常值。我国采用 20 ℃时液压油的密度作为油液的标准密度。

2）可压缩性

液体受压力作用而发生体积减小的性质称为可压缩性。当液压油中混入空气时，其可压缩性将显著增加，并将严重影响液压系统的工作性能。因此，在液压系统中应尽量减少油液中混入的气体及其他挥发物质（如汽油、煤油、乙醇和苯等）的含量。

3）黏性

液体在外力作用下流动时，分子间的内聚力阻碍分子之间的相对运动而产生一种内摩擦力，这种特性叫作液体的黏性。液体只有在流动时才呈现出黏性，静止液体是不呈现黏性的。

黏性使流动液体内部各处的速度不相等。如图 2 – 1 所示，若两平行平板间充满液体，下平板不动，而上平板以速度 v_0 向右平动，由于液体的黏性，紧靠下平板和上平板的液层速度分别为 0 和 v_0，而中间各液层的速度视它距下平板的距离呈线性规律变化。

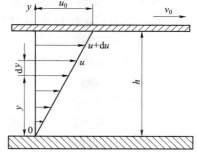

图 2 – 1　液体黏性示意图

实验测定指出：液体流动时相邻液层间的内摩擦力 F_t 与液层接触面积 A、液层间的速度梯度 du/dy 成正比，即

$$F_t = \mu A \frac{du}{dy} \tag{2-1}$$

式中　μ——比例常数，称为黏性因数或黏度。

如以 τ 表示切应力，即单位面积上的摩擦力，则

$$\tau = \frac{F_t}{A} = \mu \frac{du}{dy} \tag{2-2}$$

由式（2–1）可知，在静止液体中，速度梯度为零，内摩擦力为零，故液体在静止状态下是不呈现黏性的。

黏度是衡量液体黏性的指标。常用的黏度有动力黏度、运动黏度和相对黏度，下面主要介绍前两者。

（1）动力黏度 μ。

动力黏度可由式（2–2）导出，即

$$\mu = \tau \frac{dy}{dv} \tag{2-3}$$

由此可知，动力黏度的物理意义是：液体在单位速度梯度下流动时，液层间单位面积上产生的内摩擦力。动力黏度 μ 又称为绝对黏度。

动力黏度的单位为帕·秒（Pa·s）或 N·s/m^2。

（2）运动黏度 ν。

动力黏度 μ 与液体密度 ρ 之比叫作运动黏度 ν，即

$$\nu = \frac{\mu}{\rho} \tag{2-4}$$

运动黏度没有明确的物理意义。在理论分析与计算中常遇到 μ 和 ρ 的比值，为方便起见

用"ν"表示,其单位中有长度和时间的量纲,故称为运动黏度。运动黏度的单位为 mm^2/s。

我国液压油的黏度等级是用40 ℃时的运动黏度(以 mm^2/s 计)的中心值来划分的,如牌号为 L-HL22 的普通液压油,表示在温度为40 ℃时的运动黏度为 22 mm^2/s。

液体的黏度随温度和压力的变化而变化。一般来说,温度升高,黏度下降;压力升高,黏度增加。在液压传动中,由于压力不是特别高,一般不考虑对黏度的影响。温度对黏度的影响较大,应予以考虑。一般用黏度指数来衡量黏度随温度的变化程度,黏度指数越大,黏度受温度的影响越小。

(3)相对黏度。

相对黏度又称条件黏度。常用的有恩氏黏度,中国、俄罗斯及德国采用恩氏黏度,美国、英国采用通用赛氏秒和商用雷氏秒。

4)其他性能指标

液压油还有其他一些性能指标,如稳定性(热稳定性、氧化稳定性、水解稳定性、剪切稳定性等)、抗泡沫性、抗乳化性、防锈性、润滑性以及相容性(对所接触的金属、密封材料、涂料等作用程度)等,都对它的选择和使用有重要影响。这些性能指标需要在精炼的矿物中加入各种添加剂来获得,相关知识可参阅有关资料。

3.液压油的选用

1)液压传动对工作介质的性能要求

不同的工作机械和不同的使用情况对液压传动工作介质的要求有很大的不同。为了更好地传递运动和动力,液压传动的工作介质应具备以下性能:

(1)合适的黏度,较好的黏温特性。

(2)润滑性能好。

(3)质地纯净,杂质少。

(4)对金属和密封件有良好的相容性。

(5)氧化、水解和剪切都有良好的稳定性。温度低于57 ℃时,油液的氧化速度缓慢,之后温度每升高10 ℃,氧化的程度增加一倍,所以控制液压传动工作介质的温度特别重要。

(6)抗泡沫性好,抗乳化性好,腐蚀性小,防锈性好。

(7)体积膨胀系数小,比热容大。

(8)流动点和凝固点低,闪点和燃点高。

(9)对人体无害,成本低。对轧钢机、压铸机、挤压机和飞机等液压系统则需突出高温、热稳定、不腐蚀、无毒、不挥发和防火等要求。

2)液压油的选用

液压系统通常采用石油型液压油,在特殊场合还可用乳化型、合成型液压油。一般可根据液压系统的使用性能和工作环境等因素确定液压油的品种。当品种确定后,主要考虑油液的黏度。在确定油液黏度时,主要应考虑系统的工作压力、环境温度及工作部件的运动速度。其选择考虑的因素有:

(1)液压系统的工作压力。工作压力较高的系统宜选用黏度较高的液压油,以减少泄漏;反之则选用黏度较低的液压油。例如,当压力 $p = 7.0 \sim 20.0$ MPa 时,宜选用 N46~N100 的液压油;当压力 $p < 7.0$ MPa 时,宜选用 N32~N68 的液压油。

(2)运动速度。执行机构的运动速度较高时,宜选用黏度较低的液压油。

（3）环境温度。工作环境温度高时选用黏度较高的液压油，以减少泄漏和容积损失。

（4）液压泵的类型。在液压系统中，对液压泵的润滑要求苛刻，不同类型的泵对油的黏度有不同的要求。

当选购不到合适黏度的液压油时，可采用调和的方法得到满足黏度要求的调和油。当液压油的某些性能指标不能满足某些系统较高要求时，可在油中加入各种改善其性能的添加剂——抗氧化、抗泡沫、抗磨损、防锈以及改进黏温特性的添加剂，使之适用于特定的场合。

液压油的牌号及其技术性能指标可查阅有关资料。

四、任务实训

1. 选择合适的液压油

在液压系统运行故障中，选用油不当是一个重要方面。因此正确并合理地选用液压油对提高液压设备运行的可靠性、延长系统和元件的使用寿命有重要作用，并有助于设备安全运行。

1）工作环境系统的工况条件

液压油的选用要考虑到液压系统的工作环境和系统的工况条件，工况条件主要是指温度和压力。系统的工作环境可分为以下四种：室内的固定液压设备，环境温度变化小；露天、寒区或严寒区的行走液压设备，环境温度变化大；地下、水上的液压设备，环境潮湿；在高温热源和明火附近的液压设备。

2）合适的黏度

在液压油品种确定后，还必须确定其使用的黏度。液压油的黏度选择主要取决于启动性能、系统的工作温度和所用泵的类型。

3）性价比

在液压油选用中，经济性是不可缺少的一个重要部分。不同生产厂家生产的同类产品的价格是不相等的，这里有一个性能、价格比的问题，不一定是价格越贵质量就越好、越适用。在考虑经济效益的基础上，选用质量较好的产品应当是首选。若质量达不到使用要求而造成机械设备损伤事故，则会带来更大的经济损失。

2. 完成液压油的清洗更换

按要求完成液压系统液压油的更换，并完成以下工作：

（1）确定液压油的品种和牌号。

（2）放出液压系统原有的液压油。

（3）清洗液压系统。

（4）向液压系统加注新的液压油。

五、技能点

正确选用液压油

选定合适的品种后，还要确定采用哪种黏度级别的液压油才能使液压系统在最佳状态下工作。黏度选用过高虽然对润滑性有利，但会增加系统的阻力，使压力损失增大，造成功率损失增大，油温上升，液压动作不稳，出现噪声。过高的黏度还会造成低温启动时吸油困难，甚至造成低温启动时中断供油，发生设备故障。相反，当液压油黏度过低时，会增加液压设备的内、外泄漏，液压系统工作压力不稳定，压力降低，液压工作部件不到位，严重时会导致泵磨损增加。选用黏度级别时还要考虑泵的工况，温度和压力高的液压系统要选用黏度较高的液压油，可以获得较好的润滑性；相反，温度和压力较低的液压系统应选用较低的黏度，这样可节省能耗。此外，还应考虑液压油在系统最低温度下的工作黏度不应大于泵的最大黏度。

每种类型的泵都有它适用的最佳黏度范围，如叶片泵为 $25 \sim 68~mm^2/s$，柱塞泵和齿轮泵都是 $30 \sim 115~mm^2/s$；齿轮泵要求黏度较大，最小工作黏度不应低于 $20~mm^2/s$，最大启动黏度可达到 $2\,000~mm^2/s$；叶片泵的最小工作黏度不应低于 $10~mm^2/s$，而最大启动黏度不应大于 $700~mm^2/s$；柱塞泵的最小工作黏度不应低于 $8~mm^2/s$，最大启动黏度不应大于 $1\,000~mm^2/s$。

六、知识拓展

液压油的污染与危害

1. 油液中混入水分

1）水分进入油液中的途径

（1）油箱盖因冷热交替而使空气中的水分凝结成水珠落入油液中。

（2）冷却器或热交换器密封损坏或冷却管破裂使水漏入油液中。

（3）通过液压缸活塞杆密封不严密处进入系统的潮湿空气凝聚成水珠。

（4）用油时带入的水分以及油液暴露于潮湿环境中与水发生亲和作用而吸收的水。

2）油液中混入水分后的危害

（1）油液中混入一定量的水分后，会使液压油乳化呈白浊状态。如果液压油本身的抗乳化能力较差，静止一段时间后，水分也不能与油分离，使油总处于白浊状态。这种白浊的乳化油进入液压系统内部，不仅会使液压元件内部生锈，还会降低其润滑性能，使零件的磨损加剧、系统的效率降低。

（2）液压系统内的铁系金属生锈后，剥落的铁锈在液压系统管道和液压元件内流动，蔓延扩散下去，将导致整个系统内部生锈，产生更多的剥落铁锈和氧化物。

（3）水还会与油液中的某些添加剂作用产生沉淀和胶质等污染物，加速油的恶化。

（4）水与油液中的硫和氯作用产生硫酸和盐酸，使元件的腐蚀磨损加剧，也会加速油液的氧化变质，甚至产生很多油泥。

（5）这些水污染物和氧化生成物随即成为进一步氧化的催化剂，最终导致液压元件堵塞或卡死，引起液压系统动作失灵、配油管堵塞、冷却器效率降低以及滤油器堵塞等一系列故障。

（6）在低温时，水凝结成微小冰粒，容易堵塞控制元件的间隙和死口。

2. 油液中混入各种杂质颗粒

油液中的固态污染物主要以颗粒状存在。这些杂质有的是元件加工和装配过程中残留的，有的是液压元件在工作过程中产生的，有的源于外界杂质的侵入，其危害是：

（1）油液中的各种颗粒杂质会对泵和马达造成危害。当杂质颗粒进入齿轮泵或齿轮马达的齿轮端面和两端盖侧板、齿顶和壳体之间，或进入叶片泵或叶片马达的叶片与叶片槽、转子端面和配油盘、定子与转子（叶片顶部）之间，或进入柱塞泵或柱塞马达的柱塞与柱塞缸体孔、转子与配油盘、滑靴与倾斜盘、变量机构的滑动副之间时，均有可能造成卡死故障，即使不造成卡死故障，也会使磨损加剧。杂质颗粒还有可能堵塞泵前的进油滤油器，使泵产生气蚀或造成多种并发故障。

（2）油液中各种颗粒杂质会对液压缸造成危害。颗粒杂质会使活塞与缸体、活塞杆与缸盖孔及密封元件产生拉伤和磨损，使泄油量增大、容积效率和有效推力（拉力）降低，如果颗粒杂质卡住活塞或活塞杆，将导致液压缸不动作。

（3）油液中的污染颗粒会对各种阀类元件造成危害。污染颗粒可能引起滑阀卡死或节流堵塞，造成阀动作失灵，即使不产生卡死或堵塞故障，污染颗粒也将使阀类元件运动副过早磨损，配合间隙加大，性能恶化。

（4）污染物繁殖细菌，加剧油液老化，使油液发黑发臭，更进一步产生污染。

如此恶性循环，有可能产生以下后果：

① 污染物堵塞滤油器，导致油泵吸空，产生振动和噪声。

② 污染物使油缸或马达的摩擦力增大，产生爬行。

③ 污染物使伺服阀等抗污染能力差的元件完全丧失功能。

④ 污染物堵塞压力表通道，使压力得不到正确的传递和反应。

3. 油液中侵入空气

油液中的空气主要来源于松动的管接头、不紧密的元件接合面以及密封失效处，油液暴露在大气中也会溶入空气。此外，当油箱内的油量较少时会加速液压油的循环，使气泡排除困难，同时油泵吸油管"吃油"深度不够也会使空气容易进入。

混入液压系统的空气通常以直径为 0.05 ~ 0.50 mm 的气泡状态悬浮于液压油中，对液压系统内液压油的体积弹性模量和液压油的黏度产生严重影响，随着液压系统的压力升高，部分混入空气溶入液压油中，其余仍以气相存在。当混入的空气量增大时，液压油的体积弹性系数急剧下降，液压油中的压力波传播速度减慢，油液的动力黏度呈线性增高，悬浮在油液中的空气与液压油结合成混合液，这种油液的稳定性取决于气泡的尺寸大小，会对液压系统等产生重大的影响，可能出现振动、噪声、压力波动、液压元件不稳定、运动部件产生爬行、换向冲击、定位不准或动作错乱等故障，同时还会使功耗上升、油液氧化加速以及油的润滑性能降低。

第二节　液压泵安装高度的确定

一、任务引入

任何一个液压系统均有动力元件——液压泵。液压泵的安装（吸油）高度是否合适，将影响到液压泵能否正常工作，也将直接影响整个液压系统工作的稳定性和可靠性。那么，如何确定液压泵的安装（吸油）高度？它与液压油有什么关系呢？

二、任务分析

液压系统中的液压泵不是随意安装到某一位置的，它必须满足液压泵工作时吸油口处不产生气穴的要求。什么是气穴？液体在流动中什么情况下会产生气穴？下面学习与之相关的流体力学基本知识。

三、流体力学基本知识

(一) 液体静力学

1. 压力及其性质

液体的压力是指液体在单位面积上所受到的法向作用力。这个定义在物理学中称为压强，但在液压传动中称为压力，用 p 表示。如果在液体内某点处微小面积 ΔA 上作用有法向力 ΔF，则 $\Delta F / \Delta A$ 的极限就定义为该点处的（静）压力，其表达式为

$$p = \lim_{\Delta A \to 0} \frac{\Delta F}{\Delta A}$$

若在液体的面积 A 上所受的力为均匀分布的作用力 F，则（静）压力表示为

$$p = \frac{F}{A} \qquad (2-5)$$

液体的压力有重要的性质：静止液体内任意点处的压力在各个方向上都相等。

在重力作用下的静止液体，其受力情况如图 2-2（a）所示，除了液体重力、液面上的压力外，还有容器壁面作用在液体上的压力。如要求出液体内点 1（离液面距离为 h）处的压力，可以从液体内取出一个底面通过该点的垂直小液柱。设液柱的底面积为 ΔA，高为 h，如图 2-2（b）所示，由于液柱处于平衡状态，于是有 $p\Delta A = p_0 \Delta A + F_G$，这里的 F_G 是液柱的重力，即 $F_G = \rho g h \Delta A$，因此有

$$p = p_0 + \rho g h \qquad (2-6)$$

由式（2-6）可知：

（1）静止液体内任一点处的压力由两部分组成：一部分是液面上的压力 p_0，另一部分是 ρg 与该点离液面距离 h 的乘积。当液面上只受大气压力 p_a 作用时，点 1 处的静压力为

$$p = p_a + \rho g h \qquad (2-7)$$

（2）静止液体内的压力随液体深度呈直线规律分布。

（3）离液面距离相同处各点的压力都相等。压力相等的所有点组成的面叫作等压面。在重力作用下，静止液体中的等压面是一个水平面。

2. 帕斯卡原理

在密封容器中，当静止液体内任何一点的压力发生变化时（例如增加 Δp），该压力变化将等值地传递到液体内任意一点，即其他任意点的压力也将增加 Δp，这就是帕斯卡原理（或称静压传递原理）。帕斯卡原理是液压传动的理论依据，也就是说，液压传动是根据帕斯卡原理来工作的。

在液压传动中，作用在液体表面的外力所产生的压力远远大于液体自重所产生的压力，可以将式（2-7）中的 $\rho g h$ 一项略去，认为在连续液体中任何一点的压力相等。

3. 压力的表示方法及单位

液体压力有绝对压力和相对压力两种。绝对压力以绝对真空（0 压）为基准来进行度量；相对压力以大气压力为基准来进行度量。

如图 2-3 所示，绝对压力、大气压力、相对压力、真空度的关系为

$$绝对压力 = 相对压力 + 大气压力$$

$$真空度 = 大气压力 - 绝对压力$$

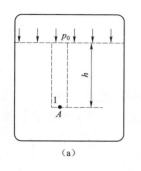
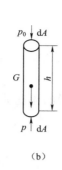

（a）   （b）

图2-2 重力作用下静止液体的受力

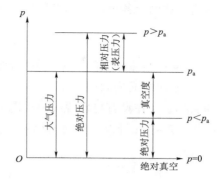

图2-3 绝对压力、相对压力、真空度之间的关系

绝大多数压力表测得的压力都是相对压力，因而工程中习惯把相对压力称作"表压力"。当绝对压力＞大气压力时，表压力为正；当绝对压力＜大气压力时，表压力为负。工程上把负的表压力称作"真空度"。

在液压传动中，若没有特别指明，一般所说的"压力"就是指"表压力"。压力的单位为 Pa，称为帕斯卡，简称帕。在工程上常采用 kPa、MPa，其换算关系为 $1\ MPa = 10^3\ kPa = 10^6\ Pa$。

4. 液体静压力作用在固体壁面上的力

静止液体和固体壁面相接触时，固体壁面上各点在某一方向上所受静压作用力的总和，便是液体在该方向上作用于固体壁面上的力。

当固体壁面为一平面时，如不计重力作用（即忽略 ρgh 项），平面上各点处的静压力大小相等，作用在固体壁面上的力等于静压力与承压面积的乘积，即 $F = pA$，其作用方向垂直于壁面。

当固体壁面为一曲面时，情况就不同了。曲面上的液压作用力在某一方向上的分力等于压力与曲面在该方向的垂直面内投影面积的乘积。

（二）流体动力学

1. 基本概念

1）理想液体和稳定流动

所谓理想液体，是一种无黏性、不可压缩的液体。当液体在流动时，其内部任意点处的压力、速度和密度都不随时间而变化，这种流动称为稳定流动。理想液体和稳定流动是为了研究的方便而假想出来的概念。

2）通流截面、流量和平均流速

液体在管道中流动时，其垂直于流动方向的截面称为通流截面。对于等径直管，通流截面就是管道的横截面。

单位时间内流过通流截面的液体体积称为流量，用"q"表示。对于微小流束，通过该通流截面的流量为 $dq = vdA$，流过整个通流截面 A 的流量为

$$q = \int_A vdA \qquad (2-8)$$

在实际流动中，通流截面上各点的流速是不同的。距通流截面中心越近，流速越大。平

均流速是通流截面上各点流速的平均值，用"v"表示，即

$$v = \frac{q}{A} \qquad (2-9)$$

式中　q——通过通流截面的液体流量，常用的单位有 m^3/s、L/min；

　　　A——通流截面的面积。

工程实际中，在没有特别说明的情况下，一般所说的流速就是指平均流速。

利用式（2-9）可以方便地求得液压缸活塞的运动速度，其在数值上等于液体在缸筒内的平均流速。

3）层流、紊流和雷诺数

英国学者雷诺通过大量的实验研究发现，流体有两种流动状态，即层流和紊流。当流体流速发生变化时，其流动状态也将发生变化。当流速较低时，各质点互不干扰，液流做规则的、层次分明的稳定流动，此时为层流状态 ========= ；当流速较高时，液体各质点互相碰撞，液流做不规则的、杂乱无章的紊乱流动，此时为紊流状态 $\overline{\underline{\approx\approx\approx}}$。

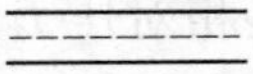

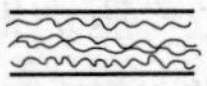

实验表明，液体在圆管中的流动状态不仅与管内平均流速有关，还与管径和流体的黏度有关，但真正决定液体流动状态的是用这三个数所组成的一个称为雷诺数 Re 的量纲为 1 的数，即

$$Re = \frac{vd}{\nu} \qquad (2-10)$$

这就是说，液体流动时的雷诺数若相同，则它的流动状态也相同。另一方面，液体由层流转变为紊流时的雷诺数和由紊流变为层流的雷诺数是不相同的，后者数值小，所以一般用后者作为判别液流状态的依据，简称临界雷诺数 Re_c。当液流实际流动时的雷诺数小于 Re_c 时（即 $Re < Re_c$），液流为层流，反之液流为紊流。常见液流管道的临界雷诺数可由实验求得，如表 2-1 所示。

表 2-1　常见液流管道的临界雷诺数

管道的形状	临界雷诺数 Re_c	管道的形状	临界雷诺数 Re_c
光滑的金属圆管	2 000 ~ 2 300	有环槽的同心环状缝隙	700
橡胶软管	1 600 ~ 2 000	有环槽的偏心环状缝隙	400
光滑的同心环状缝隙	1 100	圆柱形滑阀阀口	260
光滑的偏心环状缝隙	1 000	锥阀阀口	20 ~ 100

2. 连续性方程

由质量守恒定律可知，液体在密闭管路中做稳定流动时，单位时间流过任一通流截面的液体质量相等。设液体在如图 2-4 所示的管路中做稳定流动，若任取的 1、2 两个通流截面的面积分别为 A_1、A_2，并且在这两个截面处的液体密度和平均流速分别为 ρ_1、v_1 和 ρ_2、v_2，根据质量守恒定律的原则，在单位时间内流过两个截面的液体质量相等，即

$$\rho_1 v_1 A_1 = \rho_2 v_2 A_2 = 常数$$

若忽略液体的可压缩性，则 $\rho_1 = \rho_2$，可得

$$v_1 A_1 = v_2 A_2 = 常数 \qquad (2-11)$$

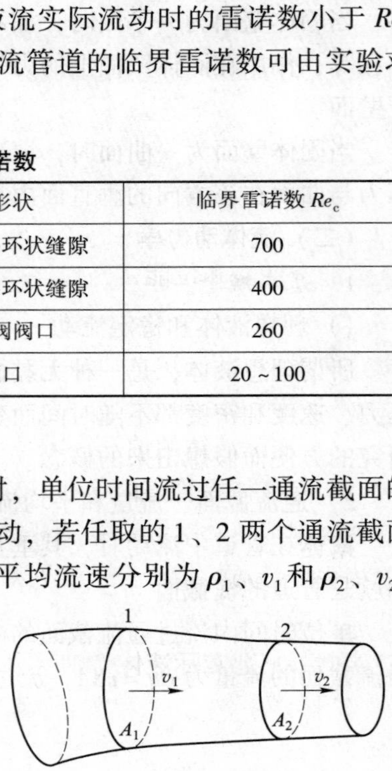

图 2-4　液体连续性示意图

这就是液体的连续性方程。它说明在稳定流动中，流过各截面的不可压缩液体的流量是相等的，而液体的流速和管道通流截面的大小成反比。

3．伯努利方程

伯努利方程是能量守恒定律在流体力学中的表现形式。

1）理想液体的伯努利方程

设理想液体在如图2－5所示的管道内做稳定流动。任取一段液流 a 作为研究对象，设 o_1-o_1、o_2-o_2 两截面中心到基准面的高度分别为 h_1 和 h_2，两通流截面的面积分别为 A_1、A_2，压力分别为 p_1 和 p_2；由于它是理想液体，截面上的流速可以认为是均匀分布的，故设 o_1-o_1、o_2-o_2 截面的流速分别为 v_1 和 v_2。假设经过很短时间 Δt 以后，o_1-o_1 截面处液体移动到 o_2 位置。液体在两截面处具有压力能、动能和位能，能量之和不变，由理论推导可得理想液体伯努利方程为

$$\frac{p_1}{\rho g}+\frac{v_1^2}{2g}+h_1=\frac{p_2}{\rho g}+\frac{v_2^2}{2g}+h_2 \tag{2-12}$$

或写成

$$\frac{p}{\rho g}+\frac{v^2}{2g}+h=常数 \tag{2-13}$$

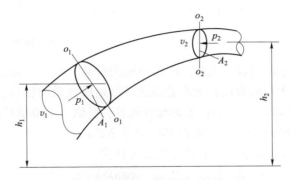

图2－5　伯努利方程推导用图

式（2－12）、式（2－13）即理想液体的伯努利方程。式中各项分别是单位重力液体的压力能、动能和位能，称作比压能、比动能和比位能，它们都具有长度量纲。

上述伯努利方程的物理意义是：在密封管道内做稳定流动的理想液体具有三种形式的能量，即压力能、动能和位能。在流动过程中，三种能量可以相互转化，但在任一通流截面上，三种能量之和不变。

2）实际液体的伯努利方程

实际液体在管道内流动时，由于液体存在黏性，故会产生内摩擦力而消耗能量；同时，管道局部形状和尺寸的骤然变化使液流产生扰动，也会消耗能量。因此，实际液体流动有能量损失。设单位重力液体在两截面间流动的能量损失为 h_W，再考虑到实际液体在管道通流截面上的流速分布不均，在用平均流速代替实际流速计算动能时会产生误差，故引入动能修正因数 α，则实际液体的伯努利方程为

$$\frac{p_1}{\rho g}+\frac{\alpha_1 v_1^2}{2g}+h_1=\frac{p_2}{\rho g}+\frac{\alpha_2 v_2^2}{2g}+h_2+h_\mathrm{W} \tag{2-14}$$

式中，对于动能修正因数 α_1、α_2 的值，当紊流时，取 $\alpha=1$；当层流时，取 $\alpha=2$。

伯努利方程揭示了液体流动中的能量变化规律，因此，它是流体力学中的特别重要的基本方程。伯努利方程不仅是进行液压系统分析的理论基础，而且还可用来对多种液压问题进行研究和计算。

（三）液体在实际管路系统中的流动

1. 压力损失

由于液体具有黏性，在管路中流动时又不可避免地存在着摩擦力，所以液体在流动过程中必然要损耗一部分能量。这部分能量损耗主要表现为压力损失。

压力损失有沿程损失和局部损失两种。

1）沿程损失

沿程损失是当液体在直径不变的直管中流过一段距离摩擦而产生的压力损失。在图2-6所示圆管中，沿程损失为

$$\Delta p_\lambda = \lambda \frac{l\rho v^2}{2d} \qquad (2-15)$$

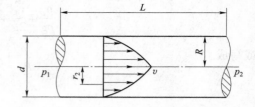

式中　λ——沿程阻力系数；

　　　l——液流管道长度；

　　　v——液体在管道中的平均流速；

　　　d——管道直径；

　　　ρ——液体密度。

图2-6　圆管层流速度分布示意图

式（2-15）适用于层流和紊流状态的沿程损失计算，只是 λ 取值不同。层流时，λ 的理论值为 $64/Re$，但由于油液黏度较大及管道进口起始段流动的影响，实际值更大些。如油液在金属管路中流动时取 $\lambda = 75/Re$；若是橡胶软管，则取 $\lambda = 80/Re$。

紊流是一种很复杂的流动，λ 值需按具体情况来确定。

根据 Re 的取值范围，λ 值可用下列经验公式计算：

$$\lambda = 0.316Re^{-0.25} \qquad (4\,000 < Re < 10^5) \qquad (2-16)$$

$$\lambda = 0.032 + 0.221Re^{-0.237} \qquad (10^5 < Re < 3 \times 10^6) \qquad (2-17)$$

$$\lambda = \left[1.74 + 2\lg\left(\frac{d}{\Delta}\right)\right]^{-2} \qquad \left(Re > 3 \times 10^6 或 Re > 900\frac{d}{\Delta}\right) \qquad (2-18)$$

管壁粗糙度 Δ 值与制造工艺有关，计算时可考虑按下列 Δ 取值：铸铁管取 0.25 mm，无缝钢管取 0.04 mm，冷拔铜管取 0.001 5 ~ 0.010 0 mm，铝管取 0.001 5 ~ 0.060 0 mm，橡胶软管取 0.03 mm。

2）局部损失

局部损失是由于管子截面形状突然变化、液流方向改变或其他形式的液流阻力而引起的压力损失。液体流经各种阀的局部损失可在阀的产品技术规格中查得。

$$\sum \Delta P_\xi = \xi \frac{\rho v^2}{2} \qquad (2-19)$$

式中　ξ——局部阻尼系数（由实验确定，具体数据可查阅有关手册）；

　　　v——液体在管道中的平均流速；

　　　ρ——液体密度。

总的压力损失等于沿程损失 $\sum \Delta p_\lambda$ 和局部损失 $\sum \Delta p_\xi$ 之和，即

$$\sum \Delta p = \sum \Delta p_\lambda + \sum \Delta p_\xi \qquad (2-20)$$

2. 液体在小孔中的流动

小孔长度 l 与直径 d 的比值小于或等于 $0.5\left(\text{即}\dfrac{l}{d}\leqslant0.5\right)$ 的孔称为薄壁小孔，小孔长度 l 与直径 d 的比值大于 $4\left(\text{即}\dfrac{l}{d}>4\right)$ 的孔称为细长小孔，小孔长度 l 与直径 d 的比值为 $0.5\sim4$ $\left(\text{即}0.5<\dfrac{l}{d}\leqslant4\right)$ 的孔称为短孔。

1）薄壁小孔的流量计算（完全收缩）

图 2-7 所示为流经薄壁小孔的液流。由于惯性作用，液流通过小孔时会发生收缩现象，并在靠近孔口的后方出现收缩最大的过流断面。孔前通流断面 1—1 和收缩断面 2—2 之间通过伯努利方程和液体流量公式 $q=A_2v_2$ 得到薄壁小孔的流量公式为

$$C_cA_\mathrm{T}v_2 = C_cC_vA_\mathrm{T}\sqrt{\frac{2}{\rho}\Delta p} = C_qA_\mathrm{T}\sqrt{\frac{2}{\rho}\Delta p} \qquad (2-21)$$

式中　C_q——流量系数，$C_q=C_cC_v$；

　　　A_T——收缩断面的面积；

　　　Δp——小孔前后压力差。

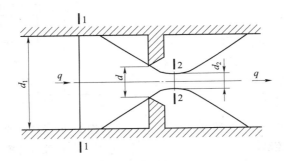

图 2-7　流经薄壁小孔的液流

流量系数 C_q 一般由实验确定。在液流完全收缩的情况下，当 $Re\leqslant10^5$ 时，$C_q=0.964Re^{-0.05}$；当 $Re>10^5$ 时，C_q 可视为常数，取 $C_q=0.60\sim0.62$。

液流不完全收缩时的流量系数 C_q 也可由表 2-2 查出。

表 2-2　液流不完全收缩时的流量系数 C_q

A_T/A_1	0.1	0.2	0.3	0.4	0.5	0.6	0.7
C_q	0.602	0.615	0.634	0.661	0.696	0.742	0.804

由式（2-21）可知，薄壁小孔的流量与小孔前后压力差的 1/2 次方成正比，且薄壁小孔的沿程阻力损失非常小，流量受黏度影响小，对油温变化不敏感，且不易堵塞，故常用作液压系统的节流器。

2）短孔和细长孔的流量压力特性

$$q = \frac{\pi d^4}{128\mu l}\Delta p = \frac{d^2}{32\mu l}A\Delta p = CA\Delta p \qquad (2-22)$$

式中　A——细长孔的截面积，$A=\pi d^2/4$；

C——系数；

l——管道长度。

细长孔受压差和黏度变化的影响较大，且易堵塞；短孔受压差的影响介于细长孔和薄壁小孔之间。

3）液体流经小孔的流量计算

液体流经小孔的流量公式为

$$q = CA\Delta p^m \qquad (2-23)$$

式中　C——系数，由孔的形状、尺寸和液体性质决定，对细长孔，$C = \dfrac{d^2}{32\mu l}$；对薄壁小孔

和短孔，$C = C_q\sqrt{\dfrac{2}{\rho}}$。

m——由孔的长径比决定的指数，细长孔 $m=1$，薄壁孔 $m=0.5$，短孔 $0.5<m<1$。

3. 缝隙液流特性

1）平行平板的缝隙流动

平行平板的缝隙流动有压差流动和剪切流动两种，分别如图 2-8 和图 2-9 所示。

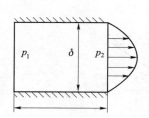

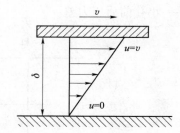

图 2-8　固定平板缝隙中的液流
（压差流动）

图 2-9　相对运动的两平行板间
的液流（剪切流动）

在压差作用下，液体流经相对运动平行平板缝隙的流量为压差流动和剪切流动两种流量的叠加，即

$$q = \frac{\delta^3 b}{12\mu l}\Delta p \pm \frac{v}{2}b\delta \qquad (2-24)$$

2）液体流经环形缝隙的流量

如图 2-10 所示，环形缝隙的流量公式为

$$q = \frac{\pi D\delta^3 \Delta p}{12\mu l}(1+1.5\varepsilon^2) \qquad (2-25)$$

式中　D——大圆直径，$D=2R$；

d——小圆直径，$d=2r$；

δ——无偏心时环形缝隙值，$\varepsilon = \dfrac{e}{\delta}$。

由式（2-25）可看出，当两圆环同心时（$e=0$），$\varepsilon=0$，可得到同心环缝隙的流量公式；当 $\varepsilon=1$ 时，可得到完全偏心时的缝隙流量公式。因此，偏心越大，泄漏量越大，

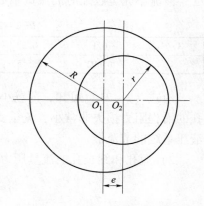

图 2-10　偏心环形缝隙中的液流

完全偏心时的泄漏量为同心时的 2.5 倍，故在液压元件中柱塞式阀芯上都开有平衡槽，使其在工作时靠液压力自动对中，以保持同心，减少泄漏。

3）流量损失

在液（气）压系统中，各液（气）压元件都有相对运动的表面，如液压缸内表面和活塞外表面，因为有相对运动，所以它们之间都有一定的间隙。如果间隙的一边为高压油，另一边为低压油，则高压油就会经间隙流向低压区从而造成泄漏。同时由于液（气）压元件密封不完善，故一部分流体也会向外部泄漏。这种泄漏会造成实际流量有所减少，这就是通常所说的流量损失，如液压泵、液压缸、油箱、控制阀及管道、接头连接处元件之间的泄漏。

四、任务实训

确定液压泵的安装高度

液压泵的吸油口一般高于油箱液面，液压泵在工作过程中，吸油口处的压力为负，即出现负压（真空）。由于吸油口处的负压，液压泵会产生气穴甚至气蚀，影响其正常工作和使用寿命。因此，在确定液压泵的安装（吸油）高度时，必须保证吸油口处的真空度不超过允许值，避免气穴发生。液压泵的安装（吸油）高度需要根据连续性方程和能量方程进行计算并加以确定。

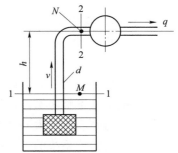

例 2 – 1　图 2 – 11 所示为某一液压泵从油箱中吸油的示意图。设金属吸油管直径 $d = 60$ mm，流量 $q = 100$ L/min，油液的运动黏度 $\nu = 30$ mm^2/s，$\rho = 900$ kg/m^3，弯头处的局部阻尼系数 $\xi = 0.2$，吸油管路过滤器上的压力损失 $\Delta p_L = 0.02$ MPa。若要求液压泵吸油管口处的真空度 $p_V \leqslant 0.025$ MPa，液压泵的安装（吸油）高度 h（吸油管浸入油液部分的沿程损失可忽略不计）应低于多少？

图 2 – 11　液压泵从油箱中吸油示意图

解

（1）选取计算截面 1—1（液面）和 2—2（吸油口），在计算截面 1—1 和 2—2 上分别选取计算点 M、N。选取液面作为高度计算基准面 0—0。

（2）列出能量方程

$$p_M + \rho g h_M + \frac{1}{2}\rho v_1^2 = p_N + \rho g h_N + \frac{1}{2}\rho v_2^2 + \Delta p_L$$

式中，$p_M = 0$，$h_M = 0$，$v_1 = 0$；$p_N = p_V = -0.025 \times 10^6$ Pa。下面求 $h_N = h = ?$

$$v_2 = v = \frac{4q}{\pi d^2} = \frac{4 \times 100 \times \frac{1}{6} \times 10^{-4}}{\pi \times 0.06^2} = 0.589 \ (\text{m/s})$$

$$\Delta p_L = \lambda \cdot \frac{h}{d} \cdot \frac{1}{2}\rho v^2 + \left(\xi \cdot \frac{1}{2}\rho v^2 + \Delta P_L\right)$$

在吸油管中，$Re = \dfrac{vd}{\nu} = 0.589 \times \dfrac{0.06}{30 \times 10^{-6}} = 1\,178 < 2\,300$，流态为层流，则有

$$\lambda = \frac{75}{Re} = \frac{75}{1\ 178} = 0.063\ 7$$

$$\Delta p_{\mathrm{L}} = 0.063\ 7 \times \frac{h}{0.06} \times \frac{1}{2} \times 900 \times 0.589^2 + \left(0.2 \times \frac{1}{2} \times 900 \times 0.589^2 + 0.02 \times 10^6\right)$$

$$= 165.74h + 20\ 031.22$$

将它们代入能量方程得

$$0 + 0 + 0 = -0.025 \times 10^6 + 900 \times 9.81 \times h + \frac{1}{2} \times 900 \times 0.589^2 + 165.74h + 20\ 031.22$$

解得
$$h = 0.535 \quad (\mathrm{m})$$

求解结果的含义是液压泵的安装（吸油）高度不应超过液面0.535 m，否则会导致气穴产生。

五、技能点

（1）观察液压泵的安装情况，从液压泵样本（手册）上查找出不同油泵的吸油高度数值。
（2）构建液体压力形成简易实验。

六、知识拓展

液压冲击和气穴现象

1. 液压冲击

在液压系统中，当油路突然关闭或换向时，会产生急剧的压力升高，这种现象叫作液压冲击。

造成液压冲击的主要原因是液压速度的急剧变化、高速运动工作部件的惯性力和某些液压元件反应动作不够灵敏。产生液压冲击时，系统中的压力瞬间就会比正常压力大好几倍，特别是在压力高、流量大的情况下，极易引起系统的振动、噪声，甚至导管或某些液压元件的损坏，既会影响系统的工作质量，又会缩短其使用寿命。还要注意的是，压力冲击产生的高压力可能使某些液压元件（如压力继电器）产生误动作，从而损坏设备。

避免液压冲击的主要办法是避免液流速度的急剧变化。延缓速度变化的时间能有效地防止液压冲击，如将液动换向阀和电磁换向阀联用可减少液压冲击，因为液动换向阀能把换向时间控制得慢一些。

2. 气穴现象

在液压系统中，液压油总是含有一定量的空气，空气可溶解在液压油中，也可以气泡的形式混合在液压油中。在液压系统中，当泵的吸油口及吸油管路中的压力低于大气压力时会产生气穴现象。液体中的气泡随着液流运动到压力较高的区域时，气泡在较高压力的作用下将迅速破裂，从而引起局部液压冲击，造成噪声和振动；另一方面，气泡破坏了液流的连续性，降低了油管的通油能力，造成流量和压力的波动，使液压元件承受冲击载荷，影响其使用寿命；同时气泡中的氧也会腐蚀金属元件的表面，通常把这种因发生空穴现象而造成的腐蚀叫气蚀。

在液压传动装置中，气蚀现象可能发生在油泵、管路以及其他具有节流装置的地方，特别是油泵装置，这种现象最为常见。为了防止气穴现象的产生，对于元件和系统管路，应尽量避免油道狭窄处或急剧转弯，以防止产生低压区。另外，应合理选择液压元件的材料、增大零件的机械强度、提高零件的表面质量等，以提高抗腐蚀能力。

习题与思考题

2-1　压力有哪几种表示方法？液压系统的压力与外界负载有什么关系？

2-2　说明伯努利方程的物理意义，并指出理想液体伯努利方程和实际液体伯努利方程的区别。

2-3　如图2-12所示，液压泵的流量 $q=32$ L/min，吸油管（金属）直径 $d=20$ mm，液压泵吸油口距离液面高度 $h=500$ mm，液压油的运动黏度 $\nu=20\times10^{-6}$ m²/s，液压油密度为 $\rho=900$ kg/m³，求液压泵吸油口的真空度。

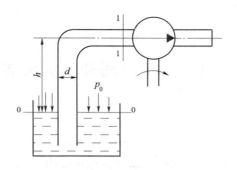

图 2-12　题 2-3 图

第三章 液压动力元件的选用

任务导读

1. 液压泵的工作原理。
2. 液压泵的参数及计算。
3. 齿轮泵的选用。
4. 叶片泵的选用。
5. 柱塞泵的选用。

第一节 叉车液压动力元件选用

一、任务引入

液压叉车是一种自卸式搬运设备，主要用于货物的提升、堆码及搬运等操作，如图 3-1 所示。液压叉车由于不产生火花和电磁场，特别适用于汽车装卸及车间、仓库、码头、车站、货场等地的易燃、易爆和禁火物品的装卸运输。该产品具有升降平衡、转动灵活、操作方便等特点。该液压系统由工作装置和转向助力装置组成。

二、任务分析

在叉车的工作中，叉车的转向供给液压泵是齿轮泵，它可使驾驶人员用很小的驱动力来驱动比较大的负载（车体转向），其工作装置还需完成叉车门架的升降和倾翻动作，它们的动力源都是液压泵。

图 3-1 液压叉车

三、基本知识

（一）液压泵概述

液压泵是液压系统中的能量转换装置，是将机械能转换为液压能的动力元件，为系统提供具有一定压力和流量的液压油。液压泵的性能好坏会直接影响液压系统工作的可靠性和稳定性。

1. 液压泵的工作原理

液压系统中所用的各种液压泵，其工作原理都是利用密封工作容积的大小交替变化进行吸油和压油的，所以，液压泵都是容积式泵。图 3-2 所示为单柱塞式液压泵的工作原理。当凸轮 1 旋转时，柱塞 2 在凸轮 1 和弹簧 3 的作用下在缸体中左右移动。当柱塞 2 右移时，缸体中的密封工作腔 4 容积增大，产生真空，油液通过吸油阀 5 吸入，此时压油阀 6 关闭；

当柱塞 2 左移时，缸体中的密封工作腔 4 容积变小，将吸入的油液通过压油阀 6 输入液压系统中，此时吸油阀 5 关闭。由此可知，液压泵是利用密封工作容积的大小不断交替变化来实现吸油和压油的。

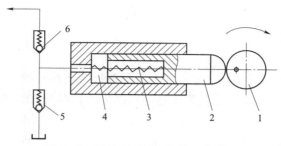

图 3 – 2 单柱塞式液压泵的工作原理
1—凸轮；2—柱塞；3—弹簧；4—密封工作腔；5—吸油阀；6—压油阀

根据上述分析，液压泵工作的基本条件是：

（1）具有密封的工作腔。

（2）密封工作容积的大小不断交替变化，变大时与吸油口相通，变小时与压油口分开，互不干扰。

（3）吸油口与压油口相分开，互不干扰。

（4）应有配流装置。配流装置的作用是保证密封容积在吸油过程中与油箱相通，压油时与压油管路相通而与油箱切断。图 3 – 2 中的吸油阀 5 和压油阀 6 就是配流装置，配流装置的形式根据泵的结构差异而不同。

2．液压泵的分类

按泵的排量是否可调节分为定量泵和变量泵；按其额定压力的高低分为低压泵、中压泵和高压泵等；按结构形式分为齿轮泵、叶片泵、柱塞泵和螺杆泵等。

3．液压泵的主要性能参数

1）压力

压力分为工作压力和额定压力。

工作压力是液压泵出口处的实际压力，其大小取决于负载。额定压力是液压泵在正常工作条件下，按试验标准连续运转中达到的最高压力。

2）排量

排量 V 是液压泵在没有泄漏的条件下，泵转过一周时所能排出的油液体积。

3）流量

流量分为理论流量、实际流量和额定流量。

理论流量 q_t 是指在没有泄漏的情况下，单位时间内所输出的油液体积，单位为 L/min 或 m^3/s。

$$q_t = Vn \tag{3 – 1}$$

式中　V——排量，m^3/r；

　　　n——泵轴转速，r/s。

实际流量 q 是液压泵工作时实际输出的流量，由于泵在工作时存在油液泄漏，所以 $q < q_t$，即实际流量小于理论流量。

额定流量 q_s 是指在额定转速和额定压力下输出的流量。

4）功率和效率

输入功率 P_i 是驱动液压泵轴的机械效率，即电动机的输出功率，其表达式为

$$P_i = T\omega \tag{3-2}$$

式中　T——电动机输出转矩；

　　　ω——角速度。

输出功率 P_o 为液压泵的输出功率。在不考虑液压泵转换过程中的损失时，输出功率等于输入功率。但实际上液压泵转换过程中是存在损失的，即输出功率总是小于输入功率。

$$P_o = pq \tag{3-3}$$

式中　p——液压泵的输出压力；

　　　q——液压泵的输出流量。

液压泵的总效率 η 是输出功率 P_o 与输入功率 P_i 之比，即

$$\eta = \frac{P_o}{P_i} = \frac{pq}{T\omega} = \eta_V \eta_m \tag{3-4}$$

式中　η_V——液压泵的容积效率；

　　　η_m——液压泵的机械效率。

由此可见，液压泵的总效率等于容积效率与机械效率的乘积。

例 3-1　某液压系统，泵的排量 $V = 10 \text{ mL/r}$，电动机转速 $n = 1\,200 \text{ r/min}$，泵的输出压力 $p = 5 \text{ MPa}$，泵的容积效率 $\eta_V = 0.92$、总效率 $\eta = 0.84$。求：

（1）泵的理论流量；

（2）泵的实际流量；

（3）泵的输出功率；

（4）驱动电动机的功率。

解

（1）泵的理论流量

$$q_t = Vn = 10 \times 1\,200 = 12\,000 \text{ （mL/min）} = 12 \text{ L/min}$$

（2）泵的实际流量

$$q = q_t \eta_V = 12 \times 0.92 = 11.04 \text{ （L/min）}$$

（3）泵的输出功率

$$P_o = pq = 5 \times 10^6 \times 11.04 = 920 \text{ （W）}$$

（4）驱动电动机的功率

$$P = \frac{P_o}{\eta} = \frac{920}{0.84} = 1\,095 \text{ （W）}$$

（二）齿轮泵

齿轮泵是一种常用的液压泵，在结构上可分为外啮合齿轮泵和内啮合齿轮泵，本章主要介绍外啮合齿轮泵。

1. 齿轮泵的工作原理

图 3-3 所示为齿轮泵的工作原理，泵由壳体、一对外啮合齿轮和两个端盖（图中未画出）等主要零件组成。

当齿轮按图示方向旋转时，右侧吸油腔的轮齿逐渐脱开，密封工作腔的容积逐渐增大，形成部分真空。因此，油箱中的油液在大气的作用下，经吸油管进入吸油腔（右侧），随着齿轮的旋转，吸入右腔的油液被带到左侧。由于左侧的轮齿逐渐进入啮合，密封工作容积逐渐减小，齿间槽中的油液被挤出，从压油腔进入系统。由于齿轮的旋转是连续的，所以齿轮泵就实现了连续的吸油和压油。

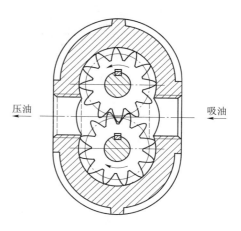

图 3－3　齿轮泵的工作原理

2．齿轮泵的结构

齿轮泵的结构如图 3－4 所示。在泵体 3 中装有一对直径和齿数相同并互相啮合的齿轮，一个固定在主动齿轮轴上，另一个在从动齿轮轴上，前后泵盖由两定位销定位，并和泵体 3 一起用 6 个螺钉紧固。当原动机通过主动齿轮轴（传动轴）带动主动齿轮，并带动从动齿轮旋转时，左边吸油腔形成部分真空，润滑油被吸入并充满齿槽，由于齿轮旋转，润滑油沿着壳壁被带到右边压油腔内，齿轮啮合使齿槽内液压油被挤压，从而产生高压油输出。

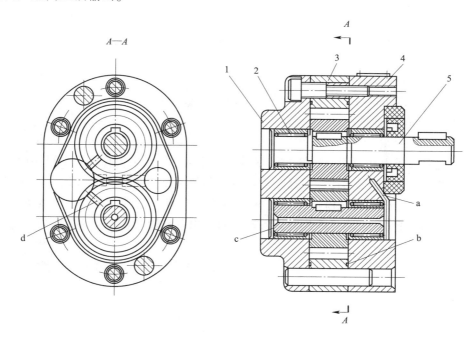

图 3－4　齿轮泵的结构

1—后泵盖；2—滚针轴承；3—泵体；4—前泵盖；5—传动轴

a，c—泄油孔；b—卸荷槽；d—卸压槽

泵中的填料、垫片主要起密封防漏作用。通过调整垫片的厚度，还可以调节齿轮两侧面间隙的大小。

3．齿轮泵的性能特点

齿轮泵具有结构简单、体积小、质量小、价格低、工作可靠、自吸性能好以及对油液污染不敏感、维护方便等优点，因而广泛应用于各种液压传动系统中，如液压叉车、起重机等设备的动力元件为齿轮泵。其主要缺点是流量和压力的脉动较大，噪声大，排量不可改变，效率较低，随着结构技术的发展，噪声有了很大的降低，效率和寿命都有很大的提高。

4. 齿轮泵的主要参数

1）排量

齿轮泵的排量是其两个齿轮的齿间槽容积的总和。如果近似地认为齿间槽的容积等于轮齿的体积，则齿轮泵的排量 V 为

$$V = \pi Dhb = 2\pi Zm^2 b \qquad (3-5)$$

式中　D——齿轮的节圆直径，mm；

　　　h——齿轮的有效工作高度，mm；

　　　b——齿宽，mm；

　　　Z——齿数；

　　　m——齿轮模数，mm。

实际上，齿间的容积比轮齿的体积稍大，因此，用修正系数 3.33~3.50 代替 π 值，齿数少时取大值。

$$V = （6.66 \sim 7.00）Zm^2 b \qquad (3-6)$$

2）流量

齿轮泵实际流量 q 为

$$q = Vn\eta_{PV} = （6.66 \sim 7.00）Zm^2 bn\eta_{PV} \qquad (3-7)$$

式中　n——齿轮泵的转速，r/s；

　　　η_{PV}——齿轮泵的容积效率。

5. 齿轮泵存在的问题

1）泄漏

泄漏是齿轮泵压力和容积效率低的根本因素。外啮合齿轮泵中存在三个可能产生泄漏的部位（指内泄漏）：一是端面泄漏，通过齿轮端面与端盖配合处；二是径向间隙泄漏，通过齿轮外圆与泵体配合处；三是齿啮合处泄漏，通过两个齿轮的啮合处（因有齿向误差，齿轮的全部宽度不可能都啮合），因此普通齿轮泵的容积效率较低。

2）液压径向力不平衡

齿轮泵工作时，齿轮圆周上所受压力是不同的，压力分布状况如图 3-5 所示。

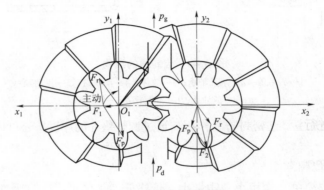

图 3-5　齿轮泵受力图

齿顶和泵体内表面间有径向间隙，所以齿轮外圆上油液的压力是逐步降低的。不平衡液压力作用在齿轮上，使轴承受到径向负载。减小径向力不平衡可采取缩小压油口和开压力平衡槽等方法来解决。

3）困油现象

为了使传动平稳，啮合齿轮的重叠系数必须大于1，也就是说存在两个齿轮同时啮合的情况，这样就有一部分油液被困在两对轮齿啮合点之间的密封腔内，如图3－6（a）所示。该腔形成时较大，在继续旋转过程中，其容积变小，当转到图3－6（b）所示的某个位置时，容积最小。随后随着泵的旋转其容积再次变大，当前一对齿轮脱离啮合时其容积最大，如图3－6（c）所示。由于该密封腔既不与吸油腔相通，又不与压油腔相通，因此当该密封腔容积变小时，其内的油液受到挤压，产生很高的压力，使机件受到很大的额外负载，而当该密封腔容积变大时，又会造成局部真空，形成气穴。无论前者还是后者，都将造成强烈的噪声，这种现象称为困油现象。消除困油现象的方法是通常在两端盖板上开一对矩形卸荷槽，如图3－6中虚线所示。

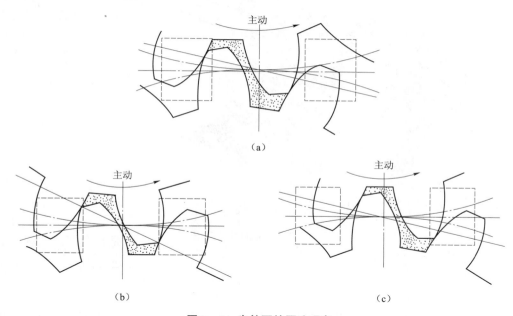

图3－6　齿轮泵的困油现象

四、任务实训

装配齿轮泵

1. 装配齿轮泵的工作准备

（1）按照装配图上的齿轮泵零件明细表，列出加工的齿轮泵零件清单，领取相应的齿轮泵零件和标准件进行清洗整理，并对齿轮泵等重要零件进行仔细检查，如图3－7所示齿轮油泵分解图。

（2）列出装配所需的辅助材料清单，领取相应的辅助材料。

（3）列出装配所需的工具、量具和刃具清单，并准备好工具、量具和刃具。

（4）列出装配调试所需的设备，并准备好设备。

2. 装配后泵体部分

装上主动轴和长连接杆，装好键。

3. 装配中间泵体部分

先装主动齿轮，再装从动齿轮。齿顶与壳体壁及齿轮端面与端盖之间的间隙应符合规范。间隙过大其液体内泄漏变大；间隙过小则齿轮在转动时，齿轮的齿顶与泵体壳壁、齿轮端面和泵盖端面可能发生磨损。因此，检修时必须检查这两方面的间隙。齿轮与壳体的径向间隙可用塞尺进行检查，其径向间隙控制在 0.13 ~ 0.16 mm，但必须大于轴颈在轴瓦的径向间隙。

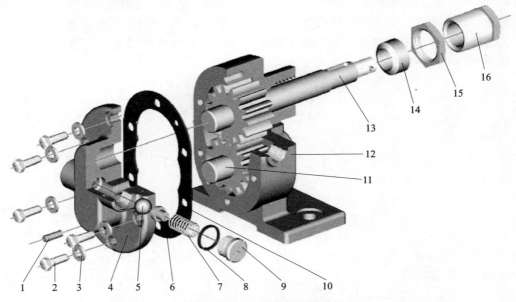

图 3 - 7　齿轮油泵分解图

1—圆柱销；2—螺栓；3—垫圈；4—泵盖；5—钢珠；6—钢珠定位圈；7—弹簧；8—小垫片；
9—油塞；10—垫片；11—从动齿轮轴；12—泵体；13—主动齿轮轴；14—填料；15—锁紧螺母；16—填料压盖

4. 装配前泵体部分

合并泵盖，将有铜套的孔对准主动轴。用铜套作轴承的齿轮泵，在更换铜套时，首先应检查铜套和端盖配合的情况。在符合要求后，将铜套外圆涂上润滑油，用压力机将其压入泵端盖体内，最后应在轴承与端盖接口处钻孔、攻丝并用螺钉将其固定，以防铜套转动或轴向窜动，如铜套装配后必须再检查轴颈与铜套的配合间隙，若配合间隙太小，应以轴颈为准，刮研铜套，直到符合要求为止；相反，若间隙太大则要重新更换铜套。

5. 检验

（1）齿轮泵外观。

（2）齿轮泵零件装配后的技术状态。

（3）紧固件装配后的技术状态。

（4）前后泵盖与泵体间装配后间隙的技术状态。

（5）装配后齿轮泵运转灵活程度。

（6）齿轮泵检测记录。

五、技能点

安装调试齿轮泵

（1）根据工艺卡上的齿轮泵图号，确认完成该工序所需要的零件，并检查齿轮泵工作状态是否良好，否则需重新修理。

（2）根据工艺卡上指定的液压站，确定使用的设备，核对技术指标。

（3）仔细检查设备，只有在确认液压站技术状态良好的情况下才能着手安装齿轮泵。

（4）用干净的棉纱把液压站工作台面、齿轮泵的底面擦拭干净。

（5）合上电源开关，接通电源。

（6）按下电动机"开动"按钮，启动设备。

六、知识拓展

齿轮泵的应用

一般所说的齿轮泵都是外啮合齿轮泵，因其结构简单、尺寸小、质量小、制造方便、价格低廉、工作可靠、自吸能力强、对油液污染不敏感、维护容易，所以应用于负载小、功率小，运动平稳性要求不高的中低压系统或辅助系统中。目前国内齿轮泵大多用在移动式设备上，如拖拉机、叉车、自卸车、装载机等。国外齿轮泵的额定压力较高，采用多联泵和增压的方式能代替一部分轴向柱塞泵，用在挖掘机和汽车式起重机等需要多种动作的机器上。此外，齿轮泵也用在工作压力不高的固定设备上，如简易小型油压机、液压千斤顶以及一些自制的简易液压设备。

第二节　组合机床液压动力元件选用

一、任务引入

组合机床是一种高效专用机床，其加工精度高、加工范围广、自动化程度高，能够完成钻、镗、铣、刮端面、倒角、攻螺纹等加工，并能完成工件的转位、定位、夹紧、输送等动作，如图3-8所示。如何选择液压动力元件才能使组合机床的加工平稳，保证工件的加工质量呢？

二、任务分析

组合机床液压系统主要是用于完成工作台的直线和回转运动，以及各个动力头、刀具的快速进退及切削进给和工件夹紧等动作。为了保证加工零件的质量，要求液压系统调速平稳性好，速度换接平缓，调节范围大，精度高，系统效率高，功率较大。要满足组合机床正常工作的需要，必须选择适当的动力元件，常用叶片泵。

图 3-8　组合机床

三、基本知识

叶片泵具有流量均匀、运转平稳、噪声小、体积小、质量小等优点，在机床、工程机械、船舶、压铸及冶金设备中得到广泛应用。中低压叶片泵的工作压力一般为 8 MPa，中高压叶片泵的工作压力可达 25～32 MPa。其缺点是吸油条件苛刻，工作转速必须为 600～1 500 r/min，对液压油的污染比较敏感，结构也比齿轮泵复杂。

叶片泵有双作用叶片泵和单作用叶片泵。双作用叶片泵是定量泵，单作用叶片泵则往往做成变量泵。

（一）双作用叶片泵

1. 双作用叶片泵的结构和工作原理

如图 3-9 所示，双作用叶片泵由定子、转子、叶片和配油盘等组成。定子内表面近似为椭圆形，它由两段长半径圆弧、两段短半径圆弧和四段过渡曲线组成，并且定子和转子是同心的。

当转子顺时针转动时，密封工作腔的容积在左上角和右下角处逐渐增大，为吸油区；在左下角和右上角处逐渐减小，为压油区。在吸油区和压油区之间有一段封油区将它们隔开。这种叶片泵，转子每转一周，每个叶片在槽内往复滑动两次，实现吸油和压油两次，因此叫作双作用叶片泵。由于泵的吸油区和压油区呈对称分布，故转子所受的径向力是平衡的。

2. 双作用叶片泵的主要参数

由图 3-9 可见，当不考虑叶片所占体积时，双作用叶片泵的排量为

$$V = 2\pi (R^2 - r^2) B \qquad (3-8)$$

式中　R——定子内表面长圆弧半径，mm；

　　　r——定子内表面短圆弧半径，mm；

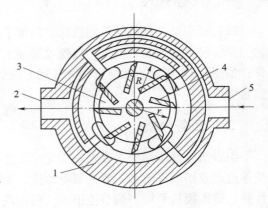

图 3-9　双作用叶片泵的工作原理

1—泵体；2—压油口；3—转子；

4—叶片；5—吸油口

B——叶片宽度，mm。

若考虑叶片厚度 δ 对吸油和压油时油液体积的影响，实际泵的排量为

$$V = 2B(R-r)\left[\pi(R-r) - \frac{\delta Z}{\cos\theta}\right] \tag{3-9}$$

式中　θ——叶片相对于转子的径向倾角；

　　　δ——叶片厚度，mm；

　　　Z——叶片数。

3. 双作用叶片泵的性能特点

双作用叶片泵，其优点是结构紧凑，流量及压力脉动率较小，噪声小，运转平稳，径向力小；其缺点是转速范围窄，对油液要求高，叶片易卡，只能做成定量泵。一般来说，双作用叶片泵的脉动很小，可忽略不计。此外，从转子径向力平衡考虑，叶片数应选偶数，一般 Z 取12。

（二）单作用叶片泵

1. 单作用叶片泵的结构和工作原理

如图 3-10 所示，单作用叶片泵主要由转子、定子、叶片、配油盘、传动轴和壳体等组成。

定子的内表面为圆柱形孔，定子和转子的中心不重合，相距一偏心距 e，叶片可以在转子槽内灵活地滑动，配油盘上开有一个腰形的吸油孔和压油孔。定子、转子、两相邻叶片和配油盘组成密封工作腔，当转子逆时针方向转动时，右侧的叶片向外伸，其密封工作腔容积增大，形成局部真空，经吸油口和配油盘上的吸油孔将油液吸入，此为吸油过程；左侧的叶片向内缩，其密封工作腔容积变小，油液经配油盘上的压油孔和压油口进入系统。这种叶片泵，

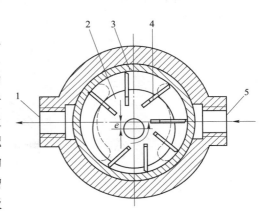

图 3-10　单作用叶片泵的工作原理
1—压油口；2—转子；3—定子；4—叶片；5—吸油口

转子每转一周，每个叶片在槽内往复滑动一次，密封工作腔容积增大和缩小一次，实现吸油和压油一次，因此叫作单作用叶片泵。

单作用叶片泵的转子上受单方向的液压不平衡力，轴承负载较大，通过改变偏心距 e 可以改变泵的排量，从而成为变量泵。

2. 单作用叶片泵的主要参数

每个密封工作腔一次排油量应是其最大容积与最小容积之差，即

$$V = V_1 - V_2 \tag{3-10}$$

式中　V_1——最大容积，mm³；

　　　V_2——最小容积，mm³。

若考虑叶片所占体积的影响，泵的近似排量为

$$V = 2\pi ebD \tag{3-11}$$

式中　D——定子内表面直径，$D = 2r$，mm；

　　　e——偏心距，mm；

b——叶片宽度，mm。

变量叶片泵是在单作用式叶片泵的基础上加一套变量机构而成的。变量原理是通过改变偏心距的大小和方向来实现。根据偏心改变的形式不同，有手动调节式、限压式和稳流量式等几种。下面介绍限压式变量叶片泵的结构原理。

限压式变量叶片泵在液压系统达到限定的压力后，可自动减少泵的供油量，从而减小功率的损失，提高液压系统的效率。限压式变量叶片泵有内反馈和外反馈两种。图3-11所示为一种外反馈限压式（或称压力补偿控制）变量叶片泵的工作原理。它能根据外负载（泵的工作压力）的大小自动调节泵的排量。当转子按逆时针方向旋转时，转子上部为压油腔，下部为吸油腔。压力油把定子压在滑块滚针支承4上，当反馈柱塞的液压力F小于弹簧力F_S时，定子处于最右边，偏心距最大，即$e=e_{max}$，泵的输出流量最大。若泵的输出压力因工作负载增大而提高，使$F>F_S$时，反馈柱塞把定子向左偏移x距离，偏心距减小到$e=e_{max}-x$，泵的工作压力越高，偏心距就越小，泵的输出流量也就越小。由此可见，外反馈限压式变量叶片泵输出流量随工作压力的变化而变化。当泵的输出流量为零时，无论负载怎样加大，泵的输出压力不会再升高。

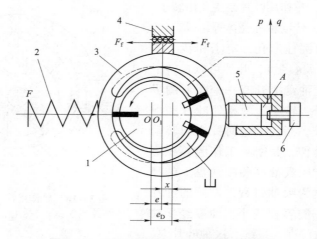

图3-11 外反馈限压式变量泵的工作原理

1—转子；2—弹簧；3—定子；4—滑块滚针支承；5—反馈柱塞；6—流量调节螺钉

3. 单作用叶片泵的性能特点

单作用叶片泵的瞬时流量是脉动的，泵内叶片数越多，则流量脉动越小。此外，叶片数为奇数的脉动率比叶片数为偶数的脉动率小。所以，单作用叶片泵的叶片数一般为13或15。其主要缺点是转子受到来自排油腔的单向压力，由于径向力不平衡，轴承上所受的载荷较大，称为非平衡式叶片泵，故不宜用作高压泵。

四、任务实训

拆装叶片泵

拆装如图3-12所示的叶片泵。

（1）将叶片泵分解为拆装工作任务，在老师的指导下制定方案、实施方案，最终评估。

（2）学生通过完成具体工作任务，体会叶片泵元件拆装的真实过程。

（3）提前准备好各种资料、任务工单（见表3－1）、教学课件，并准备好教学场地和设备。

（4）按照先拆掉前端盖上的螺钉、取下端盖，卸下前泵体，卸下两个配油盘、定子、转子、叶片和传动轴，使它们与后泵体脱离的顺序进行拆卸训练。

（5）按照与拆卸相反的顺序进行叶片泵的装配，完成后进行叶片泵的试运转。

图3－12 叶片泵

表3－1 叶片泵任务工单

序号	名称	操作规程（资讯）	拆卸要求（决策计划）	拆装零件名称（实施）	组装要求	泵特点及选用（检查评估）
1	双作用叶片泵					
2	单作用叶片泵					

五、技能点

（1）认识叶片泵中各元件。

（2）正确使用工具装配叶片泵。

（3）安装、调试叶片泵。

六、知识拓展

双联叶片泵

双联叶片泵的流量不可调，是定量泵。图3－13所示为将两个双作用叶片泵的主要工作部件装在一个泵体内，同轴驱动，并在油路上实现两泵并联工作，就构成双联叶片泵。双联叶片泵有两个各自独立的出油口，两泵的输出流量可以分开使用，也可以合并使用。

双联叶片泵的工作原理如图3－14所示，利用双联叶片泵作为液压钻床的动力源。当液压缸快速推进时，推动液压缸活塞前进所需的压力较左右两边的溢流阀所设定压力低，故

图3－13 双联叶片泵

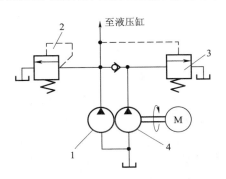

图3－14 双联叶片泵工作原理

1—高压小排量泵；2—溢流阀；3—卸荷阀；4—低压大排量泵

大排量泵和小排量泵的压力油全部送到液压缸使活塞快速前进。当液压缸工进时，压力增大，卸荷阀使低压大排量泵卸荷，只有高压小排量泵供油。

这种双泵供油回路的优点是功率损耗小、系统效率高，应用较为普遍，但系统稍复杂一些。

第三节　液压机动力元件选用

一、任务引入

四柱液压机主要用于可塑性材料的压制工艺、金属冷挤压、板料冲裁、薄板拉升成形、砂轮成形、塑料制品压制成形、金属薄板调直等方面的加工。液压机一般需要液压系统提供高压、大流量的支撑，以满足巨大输出力的要求。由于柱塞泵压力高、结构紧凑、效率高、流量调节方便，故在需要高压、大流量、大功率的系统中和流量需要调节的场合，如龙门刨床、拉床、液压机、工程机械、矿山冶金机械、船舶上得到广泛的应用。

二、任务分析

由液压机工作情况所决定，其液压系统的压力高、流量大，并且工作压力和流量变化也大，齿轮泵和叶片泵都难以满足液压机对高压力的要求，所以需要提供柱塞泵，如图 3 – 15 所示。

图 3 – 15　轴向柱塞泵

三、基本知识

柱塞泵是靠柱塞在缸体中做往复运动造成密封容积的变化来实现吸油与压油的液压泵，与齿轮泵和叶片泵相比，这种泵有许多优点。第一，构成密封容积的零件为圆柱形的柱塞和缸孔，加工方便，可得到较高的配合精度，密封性能好，在高压工作仍有较高的容积效率；第二，只需改变柱塞的工作行程就能改变流量，易于实现变量；第三，柱塞泵中的主要零件均受压应力作用，材料强度性能可得到充分利用。按其柱塞排列的不同，分为轴向柱塞式和径向柱塞式。

1. 轴向柱塞泵

1）直轴式轴向柱塞泵

图 3 – 16 所示为直轴式轴向柱塞泵的工作原理。它由斜盘 1、柱塞 2、缸体 3、配油盘 4 和传动轴 5 等主要零件组成。缸体上均匀分布着几个轴向排列的柱塞孔，柱塞可在孔内沿轴向移动。斜盘的中心线与缸体中心线相交成一个 δ 角。斜盘和配油盘固定不动，柱塞在低压油和弹簧的作用下压紧在斜盘上。在配油盘上有两个腰形窗口，它们之间由过渡区隔开，不能连通。当传动轴以图示方向带动缸体转动时，自下而上回转的半周内的柱塞，在机械装置的作用下逐渐伸出，使缸体孔内密封工作腔容积不断变大，产生真空，将油液经配油盘的配油孔 a 吸入；自上而下回转的半周内的柱塞，在机械装置的作用下逐渐缩入，使缸体孔内密封工作腔容积不断减小，油液经配油盘的配油孔 b 压出。缸体旋转

一周，每个柱塞往复运动一次，完成一次吸油和压油过程。由此可见，柱塞泵也是利用密封工作容积的变化来进行吸油和压油的。改变 δ 角的大小，即可改变柱塞行程的行程长度，从而改变泵的排量。

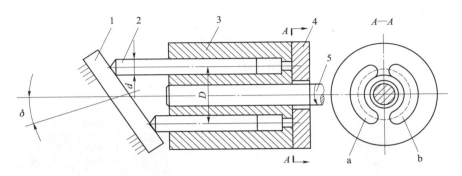

图 3－16　直轴式轴向柱塞泵的工作原理

1—斜盘；2—柱塞；3—缸体；4—配油盘；5—传动轴

直轴式轴向柱塞泵的排量为

$$V = \frac{1}{4}\pi d^2 h Z \tag{3-12}$$

式中　Z——柱塞数；

　　　d——柱塞直径，mm；

　　　h——柱塞行程，mm。

2）斜轴式轴向柱塞泵

斜轴式轴向柱塞泵传动轴的中心线与缸体中心线倾斜一个角度 γ。图 3－17 所示为无铰斜轴式轴向柱塞泵的工作原理。

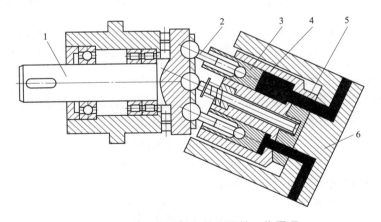

图 3－17　斜轴式轴向柱塞泵的工作原理

1—传动轴；2—连杆；3—柱塞；4—缸体；5—配油盘；6—泵体

当传动轴 1 转动时，通过连杆 2 的侧面和柱塞 3 的内壁接触带动缸体转动。同时柱塞在柱塞孔内做往复运动，实现吸油和压油。

斜轴式轴向柱塞泵与直轴式轴向柱塞泵相比，柱塞的侧向力小，因而引起的摩擦损失小；传动轴与缸体的中心线夹角较大，所以斜轴式轴向柱塞泵变量范围大；传动轴不穿过配油盘，可提高泵的转速；连杆球头与主轴盘连接牢固，自吸能力较强。但斜轴式轴向柱塞泵有多处球面摩擦副，故其加工精度要求高。

四、任务实训

拆装柱塞泵

拆装柱塞泵的过程如图 3-18~图 3-21 所示。

图 3-18　柱塞泵拆装图（一）　　　　图 3-19　柱塞泵拆装图（二）

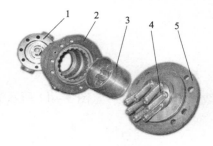

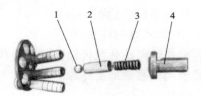

图 3-20　柱塞泵拆装图（三）　　　　图 3-21　柱塞泵拆装图（四）

1—配油盘；2—缸体；3—泵体；4—柱塞；5—斜盘　　　1—钢球；2—柱塞；3—弹簧；4—柱塞套

1. 拆装柱塞泵的工作准备

（1）按照装配图上的柱塞泵零件明细表列出装配零件清单，领取相应的零件和标准件进行清洗、整理，并对柱塞泵工作零件中的重要零件进行仔细检查。

（2）列出装配所需的辅助材料清单，领取相应的辅助材料。

（3）列出装配所需的工具、量具和刃具清单，并准备好工具、量具和刃具。

（4）列出装配调试所需的设备，并准备好设备。

2. 装配斜盘调节机构部分

（1）先把斜盘和连接销连接起来。

（2）调节机构并调节好斜盘角度。

（3）用内六角埋头螺钉连接好。

3. 装配泵体、缸体部分

（1）装好弹簧套组件。

（2）装柱塞，然后装缸体轴承及缸体。

（3）用内六角埋头螺钉连接好壳体与斜盘连接机构。

4．装配前泵体部分

（1）装花键轴组件。

（2）用内六角埋头螺钉连接好主轴端盖。

5．检验

（1）柱塞泵外观。

（2）柱塞泵装配后的技术状态。

（3）紧固件装配后的技术状态。

（4）柱塞泵前后泵体装配后间隙的技术状态。

五、技能点

（1）用机械固定法装配时应正确使用工具完成柱塞泵装配，安装、调试柱塞泵。

① 按照先拆掉前泵体上的螺钉、销子，分离前泵体与中间泵体，再拆掉变量机构上的螺钉，分离中间泵体与变量机构的顺序进行拆卸训练。在拆卸过程中，观察主要零件的结构和相互配合关系，并分析柱塞泵的工作原理。

② 按照与拆卸相反的顺序进行柱塞泵的装配训练，完成后进行柱塞泵的试运转。

（2）液压泵的选用。

液压泵是液压系统提供一定流量和压力的动力元件，它是每个液压系统不可缺少的核心元件，合理地选择液压泵对于降低液压系统的能耗、提高系统的效率、降低噪声、改善工作性能和保证系统的可靠工作都十分重要。

选择液压泵的原则是：根据主机工况、功率大小和系统对工作性能的要求，首先确定液压泵的类型，然后按系统所要求的压力、流量大小确定其规格型号。

表 3－2 列出了液压系统中常用液压泵的主要性能。

表 3－2　液压系统中常用液压泵的主要性能

性能	外啮合齿轮泵	双作用叶片泵	限压式变量叶片泵	径向柱塞泵	轴向柱塞泵	螺杆泵
输出压力	低压	中压	中压	高压	高压	低压
流量调节	不能	不能	能	能	能	不能
效率	低	较高	较高	高	高	较高
输出流量脉动	很大	很小	一般	一般	一般	最小
自吸特性	好	较差	较差	差	差	好
对油的污染敏感性	不敏感	较敏感	较敏感	很敏感	很敏感	不敏感
噪声	大	小	较大	大	大	最小

一般来说，由于各类液压泵有各自突出的特点，其结构、功用和运转方式各不相同，因此应根据不同的使用场合选择合适的液压泵。一般在机床液压系统中，往往选用双作用叶片

泵和限压式变量叶片泵;而在筑路机械、港口机械以及小型工程机械中往往选择抗污染能力较强的齿轮泵;在负载大、功率大的场合往往选择柱塞泵。

六、知识拓展

液压泵的噪声

噪声对人们的健康十分有害,随着工业生产的发展,工业噪声对人们的影响越来越严重,已引起人们的关注。目前液压技术向着高压、大流量和高功率的方向发展,产生的噪声也随之增加,而在液压系统中,液压泵的噪声占有很大的比例。因此,减小液压系统的噪声,特别是液压泵的噪声,已引起液压界广大工程技术人员、专家学者的重视。液压泵的噪声大小和液压泵的种类、结构、大小、转速以及工作压力等很多因素有关。

1. 产生噪声的原因

(1) 泵的流量脉动和压力脉动会造成泵的构件振动,这种振动有时还会产生谐振。谐振频率可以是流量脉动频率的 2~3 倍或更大,泵的基本频率及其谐振频率若和机械的或液压的自然频率一致,则噪声大大增加。研究结果表明,转速增加对噪声的影响一般比压力增加还要大。

(2) 泵的工作腔从吸油腔突然和压油腔相通,或从压油腔突然和吸油腔相通时,产生的油液流量和压力突变对噪声的影响甚大。

(3) 气穴现象。当泵吸油腔中的压力小于油液所在温度下的空气分离压时,溶解在油液中的空气被析出而变成气泡。这种带有气泡的油液进入高压腔时,气泡被击破,形成局部的高频压力冲击,从而引起噪声。

(4) 泵内流道具有截面突然扩大或收缩、急拐弯,通道截面过小而导致液体紊流、旋涡及喷流,使噪声加大。

(5) 由于机械原因,如转动部分不平衡、轴承不良、泵轴的弯曲等机械振动引起的噪声。

2. 降低噪声的措施

(1) 消除液压泵内部油液压力的急剧变化。

(2) 为吸收液压泵流量及压力脉动,可在液压泵的出口装置消声器。

(3) 装在油箱上的泵应使用橡胶垫减振。

(4) 压油管的一段用橡胶软管,对泵和管路的连接进行隔振。

(5) 防止泵产生气穴现象,可采用直径较大的吸油管,减小管道局部阻力;采用大容量的吸油滤油器,防止油液中混入空气;合理设计液压泵,提高零件刚度。

习题与思考题

3-1 简述容积式液压泵的工作原理。

3-2 液压泵的压力、额定压力、排量、流量、额定流量的含义是什么?

3-3 齿轮泵为什么会产生困油现象?其危害是什么?应当怎样消除?

3-4 某液压系统,泵的排量 $V = 10 \text{ mL/r}$,电动机转速 $n = 1\,450 \text{ r/min}$,泵的输出压力

$p = 6$ MPa，泵的容积效率 $\eta_V = 0.94$、总效率 $\eta = 0.9$。求：

（1）泵的理论流量；

（2）泵的实际流量；

（3）泵的输出功率；

（4）驱动电动机的功率。

第四章　液压执行元件的选用

任务导读

1. 液压缸的类型。
2. 活塞杆缸的运动特点。
3. 缸的结构及组成。
4. 液压马达的种类及特点。

第一节　挖掘机液压执行元件的选用

一、任务引入

液压挖掘机如图4-1所示，主要由液压系统、工作装置、行走装置、发动机和电气控制等部分组成。液压系统由液压泵、控制阀、液压缸、液压马达、管路、油箱等组成。工作装置是直接完成挖掘任务的装置，它由动臂、斗杆、铲斗等三部分铰接而成。动臂起落、斗杆伸缩和铲斗转动都用往复式双作用液压缸控制。回转与行走装置是液压挖掘机的机体，转台上部设有动力装置和传动系统。发动机是液压挖掘机的动力源，液压传动系统通过液压泵将发动机的动力传递给液压缸、液压马达等执行元件，推动工作装置动作，主要用于实现机构的直线往复运动，也可以实现摆动，从而完成各种作业，如铲土、提升、回转动作。

图4-1　液压挖掘机

二、任务分析

执行元件是把液压能转换为机械能的装置。做直线往复运动的执行元件称为液压缸，做旋转运动的执行元件称为液压马达。

液压执行元件一般需要根据具体工作要求专门设计，这点与液压阀等元件有所不同。在挖掘机中，什么样的液压执行元件能够满足需要呢？液压缸的合理选择对挖掘机的铲土、提升、回转动作的实现起着十分重要的作用。

三、基本知识

（一）液压缸的作用与分类

液压缸（俗称油缸）是将液压能转变成机械能的做直线往复运动（或摆动）的液压执行元件，其结构简单，工作可靠。用它来实现往复运动时，可免去减速装置，运动平稳，因此应用非常广泛。

按运动形式的不同，液压缸可分为直线往复运动液压缸和摆动液压缸。

按其作用方式不同，液压缸可分为单作用式液压缸和双作用式液压缸两种。单作用式液压缸中液压力只能使活塞（或柱塞）单方向运动，反方向运动必须靠外力（如弹簧力或自重等）实现；双作用式液压缸可由液压力实现两个方向的运动。

按结构不同，液压缸可分为活塞缸、柱塞缸和摆动缸三类。活塞缸和柱塞缸用以实现直线运动，输出推力和速度；摆动缸用以实现小于360°的转动，输出转矩和角速度。液压缸的分类如表4-1所示。

表4-1 液压缸的分类

分 类	名 称	符 号	说 明
单作用式液压缸	柱塞式液压缸		柱塞仅单向液压驱动，返回行程通常是利用自重、负载或其他外力
	单活塞杆液压缸		活塞仅单向液压驱动，返回行程是利用自重或负载将活塞推回
	双活塞杆液压缸		活塞两侧均装有活塞杆，但只向活塞一侧供给压力油，返回行程通常是利用弹簧、自重或外力
	伸缩液压缸		它以短缸获得长行程，用压力油从大到小逐节推出，靠外力由小到大逐渐缩回
双作用式液压缸	单活塞杆液压缸		单边有活塞杆，双向液压驱动，两向推力和速度不等
	双活塞杆液压缸		双边有活塞杆，双向液压驱动，可实现等速往复运动
	伸缩液压缸		柱塞为多段套筒形式，伸出由大到小逐节推出，由小到大逐节缩回

分　类	名　　称	符　号	说　明
组合式液压缸	弹簧复位液压缸		单向液压驱动，由弹簧复位
	串联液压缸		用于缸的直径受限制，而长度不受限制处，可获得大的推力
	增压缸（增压器）	A　　　B	由大小油缸串联组成，由低压大缸 A 驱动，使小缸 B 获得高压
	齿条传动液压缸		活塞的往复运动，经齿条传动使与之啮合的齿轮获得双向回转运动

1. 活塞缸

活塞缸可分为双杆式和单杆式两种结构，其固定方式有缸体固定和活塞杆固定两种，如图 4-2 所示。

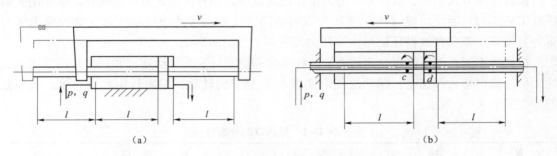

图 4-2　双杆式活塞缸

（a）缸体固定式；（b）活塞杆固定式

1）双杆式活塞缸

（1）双杆式活塞缸的工作原理。

如图 4-2 所示双杆式活塞缸，其活塞的两侧都有伸出杆。图 4-2（a）所示为缸体固定式结构简图；图 4-2（b）所示为活塞杆固定式结构简图。当压力油从进、出油口交替输入液压缸左、右工作腔时，压力油作用于活塞端面，驱动活塞（或缸体）运动，并通过活塞（或缸体）带动工作台做直线往复运动。

（2）双杆式活塞缸的特点和应用。

当两活塞杆直径相同、缸两腔的供油压力和流量都相等时，活塞（或缸体）两个方向的运动速度和推力也都相等。因此，这种液压缸常用于要求往复运动速度和负载相同的场合，如各种磨床。

缸体固定式结构，其工作台的运动范围略大于缸的有效行程的 3 倍，一般用于行程短或小型液压设备上；活塞杆固定式结构，其工作台的运动范围略大于缸的有效行程的 2 倍，所以工作台运动时所占空间面积较小，适用于行程长的大、中型液压设备。

设缸的有效工作面积为 A，活塞直径为 D，活塞杆直径为 d，进油压力和流量分别为 p 和 q，回油至油箱，压力近似为零。此时，推力 F 和速度 v 可按下式计算：

$$F = pA = p\frac{\pi}{4}(D^2 - d^2) \tag{4-1}$$

$$v = \frac{q}{A} = \frac{4q}{\pi(D^2 - d^2)} \tag{4-2}$$

2）单杆式活塞缸

（1）单杆式活塞缸的工作原理。

如图4-3所示单杆式活塞缸，其活塞的一侧有伸出杆，因此两腔的有效工作面积不相等。

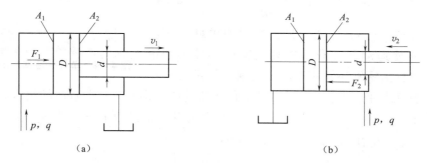

图4-3 单杆式活塞缸

当无杆腔进压力油、有杆腔回油时，如图4-3（a）所示，活塞推力 F_1 和运动速度 v_1 分别为

$$F_1 = pA_1 = p\frac{\pi D^2}{4} \tag{4-3}$$

$$v_1 = \frac{q}{A_1} = \frac{4q}{\pi D^2} \tag{4-4}$$

当有杆腔进压力油、无杆腔回油时，如图4-3（b）所示，活塞推力 F_2 和运动速度 v_2 分别为

$$F_2 = pA_2 = p\frac{\pi(D^2 - d^2)}{4} \tag{4-5}$$

$$v_2 = \frac{q}{A_2} = \frac{4q}{\pi(D^2 - d^2)} \tag{4-6}$$

式中 A_1——液压缸无杆腔的有效面积；

A_2——液压缸有杆腔的有效面积。

（2）单杆式活塞缸的特点和应用。

比较上面公式可知，$v_1 < v_2$，$F_1 > F_2$，即无杆腔进压力油工作时，推力大，速度低；有杆腔进压力油工作时，推力小，速度高。因此，单杆式活塞缸常用于一个方向有较大负载但运行速度较低，另一方向为空载快速退回运动的设备，如各种金属切削机床的液压系统。

单杆式活塞缸不论是缸体固定还是活塞杆固定，工作台的活动范围都略大于缸有效行程的2倍。

单杆式活塞缸的差动连接如图4-4所示。若压力油同时进入液压缸的左、右两腔，由于无杆腔工作面积比有杆腔工作面积大，活塞向右的推力大于向左的推力，故其向右移动，这种连接方式称为液压缸的差动连接，做差动连接的单杆式活塞缸简称为差动缸。差动连接

时，活塞的推力 F_3 为

$$F_3 = pA_1 - pA_2 = pA_3 = p\frac{\pi d^2}{4} \qquad (4-7)$$

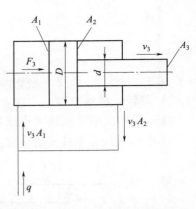

若活塞的速度为 v_3，则无杆腔的进油量为 $v_3 A_1$，有杆腔的出油量为 $v_3 A_2$，因而有

$$v_3 A_1 = q + v_3 A_2$$

故

$$v_3 = \frac{q}{A_1 - A_2} = \frac{q}{A_3} = \frac{4q}{\pi d^2} \qquad (4-8)$$

图4-4 单杆式活塞缸的差动连接

由上面可知，$v_3 > v_1$，$F_3 < F_1$，这说明单杆活塞缸差动连接时能使运动部件获得较高的速度和较小的推力。因此，单杆活塞缸还常用于需要实现"快进（差动连接）→工进（无杆腔进压力油）→快退（有杆腔进压力油）"工作循环的组合机床等设备的液压系统中。这时，通常要求"快进"和"快退"的速度相等，即 $v_3 = v_2$。由上述公式可知，$A_3 = A_2$，即 $D = \sqrt{2}d$（或 $d = 0.71D$）。

2．柱塞缸

由于活塞缸缸体内孔加工精度要求很高，当缸体较长时加工比较困难，因而常采用柱塞缸。

（1）柱塞缸的工作原理。

柱塞缸的结构如图4-5（a）所示，它由缸筒、柱塞、导向套、压盖和密封圈等零件组成。柱塞与工作部件连接，缸筒可固定在机体上，当压力油进入缸筒时，推动柱塞伸出，带动运动部件运动。

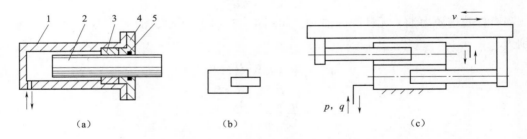

图4-5 柱塞缸

（a）结构简图；（b）图形符号；（c）组合式结构示意图

1—缸筒；2—柱塞；3—导向套；4—压盖；5—密封圈

（2）柱塞缸的特点和应用。

柱塞缸在工作过程中，柱塞端面受压，为了能输出较大的推力，需要较大的端面面积，因此柱塞一般比较粗重。如水平安装柱塞缸，柱塞易产生单边磨损，因此柱塞缸适宜于垂直安装使用。当其水平安装时，为防止柱塞因自重而下垂，常制成空心柱塞并设置支承架和托架。

柱塞缸只能实现单向运动（单作用），它的回程需借助自重（在立式缸中）或其他外力（如弹簧力）来实现。在龙门刨床、导轨磨床、大型拉床等大行程设备的液压系统中，为了使工作台得到双向运动，柱塞缸常成对使用，如图4-5（c）所示。

柱塞由导向套导向，与缸筒内壁不接触，没有配合要求，因而缸体内孔不需要精加工，工艺性好，成本低，特别适用于行程较长的场合。

3．摆动缸

摆动缸用于将油液的压力能转变为输出轴往复摆动（转动角度小于360°）的机械能。

图4-6所示为单叶片式摆动液压缸，定子块2由螺钉和柱销固定在缸体4上，嵌在定子块2槽内的弹簧把密封件压紧在花键轴套的外圆柱面上，起密封作用。叶片3用螺钉固定在花键轴套上。当压力油进入上面的油孔A时，推动转子连同花键轴套做顺时针方向旋转，转子另一侧的回油从下面的油孔排出。如压力油从下面油孔B进入，转子做逆时针方向旋转。

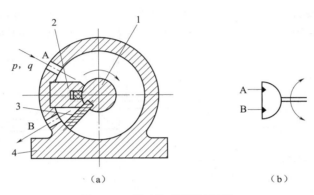

图4-6 单叶片式摆动液压缸

（a）工作原理；（b）图形符号

1—摆动轴（花键轴）；2—定子块；3—叶片；4—缸体

单叶片式摆动液压缸的摆动角度一般不超过280°。摆动缸常用于机床的送料装置、间歇进给机构、回转夹具、工业机器人手臂和手腕的回转装置及工程机械回转机构等的液压系统中。

实现往复摆动的液压缸还有齿条活塞缸，如图4-7所示。齿条活塞缸由双活塞带动齿条活塞杆运动，以带动齿轮及其传动轴运动。它将活塞的直线往复运动转变为齿轮轴的往复摆动。

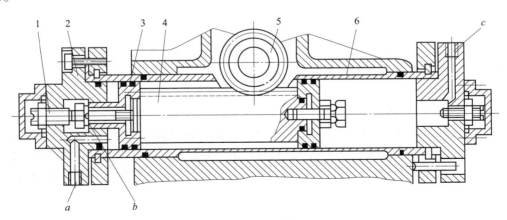

图4-7 齿条活塞缸

1—调节螺钉；2—端盖；3—活塞；4—齿条活塞杆；5—齿轮；6—缸体

(二) 液压缸的典型结构

图4-8所示为双作用单杆式活塞缸的典型结构。它主要由前缸盖1、缸筒10、后缸盖13、活塞5及活塞杆15等零件组成。缸筒10的一端与前缸盖1焊接在一起,另一端则与后缸盖13采用螺纹连接,以便拆装检修。进出油口A和B安排在两端,并且都可进油或回油,以实现往复直线运动。活塞5用卡环4、套环3和弹簧挡圈2等定位连接。活塞5与缸筒10之间采用一对Y_x形密封圈9密封,O形密封圈6用以防止活塞杆15与活塞5内孔配合处的泄漏。活塞杆15靠导向套12导向,避免活塞5因受不平衡的侧向力而损伤缸壁和密封件,同时也能改善活塞杆15运动时的摩擦状况。导向套12的外径和内径都有密封圈密封。后缸盖13上安装有防尘圈14,用以防止活塞杆15缩回时其上面黏附的污物进入缸内。活塞杆15的左端设有缓冲柱塞,目的是减轻活塞在行程终点对缸盖的撞击。

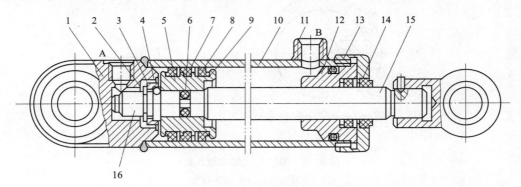

图4-8 双作用活塞杆单式液压缸

1—前缸盖;2—弹簧挡圈;3—套环;4—卡环;5—活塞;6—O形密封圈;7—支承环;8—挡圈;
9—Y_x形密封圈;10—缸筒;11—管接头;12—导向套;13—后缸盖;14—防尘圈;15—活塞杆;16—缓冲柱塞

由上述可知,液压缸的结构主要包括缸体组件、活塞组件、密封装置、缓冲装置和排气装置五部分。

1. 缸体组件

缸体组件包括前后端盖和导向套等。缸筒和缸盖的常用连接方式有法兰连接、卡环连接和螺纹连接。

2. 活塞组件

活塞组件由活塞、活塞杆和连接件等组成。活塞和活塞杆连接方式主要有整体式结构、焊接式连接、锥销式连接和卡环式连接。

3. 密封装置

1) 密封的作用及意义

在液压传动系统及其元件中,液压缸的泄漏直接影响到液压缸的工作性能和效率,甚至使整个系统无法工作。因此,要求液压缸有良好的密封性能。安置密封装置和密封元件的作用在于防止工作介质泄漏及外界尘埃和异物侵入。设置于密封装置中起密封作用的元件称为密封件。

2) 密封的分类

常用的密封方法有间隙密封和密封元件的密封。

间隙密封是靠相对运动部件之间很小的配合间隙来保证密封的。这种密封方法的摩擦力小，但密封性能差，加工精度要求较高，只适用于尺寸较小、压力较低、运动速度较高的场合。

密封元件的密封是液压系统中应用最广泛的一种密封方法，它是用 O 形、Y 形、V 形及组合式密封圈密封。

3）常用的密封元件

常用的密封元件按其断面形状可分为 O 形密封圈和唇形密封圈，而唇形密封圈又可分为 Y 形、V 形密封圈等。

（1）O 形密封圈。

O 形密封圈简称 O 形圈，截面呈圆形。O 形密封圈一般由耐油橡胶（丁腈橡胶、聚氨酯橡胶等）制成，与常用的石油基液压油有良好的相容性。它主要用于静密封和滑动密封，而在转动密封中用得较少。在用于滑动密封时，O 形圈的使用速度要求为 0.005 ~ 0.300 m/s。

O 形密封圈的内、外侧及端部都能起密封作用，其密封原理如图 4 - 9 所示。当 O 形圈装入密封槽后，其截面受压缩变形。在无液体压力时，靠 O 形密封圈的弹性对接触面产生预接触压力 p_0 来实现初始密封，如图 4 - 9 （a）所示；在密封腔充满压力油后，在液压力 p 的作用下，O 形密封圈在油压作用下被挤向密封槽的一侧，封闭了间隙，同时变形增大，密封面上的压力上升到 p_m，所以 O 形密封圈具有良好的密封作用，如图 4 - 9 （b）所示。

密封圈在安装时必须保证适当的预压缩量。预压缩量过小不能起密封作用，过

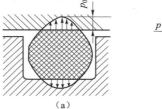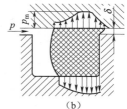

图 4 - 9 O 形密封圈的密封原理

大则会使摩擦力增大，且易损坏。因此，安装密封圈的沟槽形状、尺寸和表面加工精度必须按有关手册给出的数据进行确定。

O 形密封圈是液压系统中应用最广泛的一种密封元件，具有以下一些特点：

① 密封性好，寿命较长；

② 用一个密封圈即可起到双向密封的作用；

③ 滑动摩擦阻力较小；

④ 对油液的种类、温度和压力适应性强；

⑤ 体积小，质量小，成本低；

⑥ 结构简单，装拆方便；

⑦ 既可作动密封，又可作静密封；

⑧ 可在 - 40 ℃ ~ 120 ℃ 较大的温度范围内工作。

但与唇形密封圈相比，O 形密封圈的寿命较短，密封装置机械部分的精度要求高。

（2）Y 形密封圈。

Y 形密封圈如图 4 - 10 所示，整体呈圆形，截面呈 Y 形，简称 Y 形圈。它属于唇形密封圈类，一般用耐油的丁腈橡胶制成。它是一种密封性、稳定性和耐压性较好，摩擦阻力小，寿命较长的密封圈，故应用比较普遍，Y 形密封圈主要用于做往复运动装置的密封。根据截面长宽比不同，Y 形圈可分为宽断面和窄断面两种形式。宽断面 Y 形圈一般适用于工作压力不大于 20 MPa、工作温度为 - 30 ℃ ~ 100 ℃、使用速度不大于 0.5 m/s 的场合。窄

断面 Y_x 形圈是宽断面 Y 形圈的改型产品，其截面的长宽比大于 2，因而不易翻转，稳定性好。Y_x 又有孔用和轴用之分，其短唇与密封面接触，滑动摩擦阻力小，耐磨性好，寿命长；其长唇与非运动表面有较大的预压缩量，摩擦阻力大，工作时不易窜动。Y_x 形圈一般适用于工作压力不大于 32 MPa、使用温度为 –30 ℃ ~100 ℃ 的条件下工作。

Y 形圈的密封作用是依赖于它的唇边对耦合面的紧密接触，并在压力油作用下产生较大的接触压力，达到密封的目的的。当液压力升高时，唇边与耦合面贴得更紧，接触压力更高，并且 Y 形圈在磨损后有一定的自动补偿能力，故具有较好的密封性能。

Y 形圈安装时，唇口端应对着液压力高的一侧。当压力变化较大、滑动速度较高时，要使用支承环，以固定密封圈。

（3）V 形密封圈。

V 形密封圈由多层涂胶织物压制而成，它的截面为 V 形。图 4 – 11 所示为 V 形密封圈装置，由压环、V 形圈和支承环组成，使用时必须成套使用。它适宜在工作压力不大于 50 MPa、温度为 –40 ℃ ~80 ℃ 的条件下工作。当工作压力高于 10 MPa 时，可增加 V 形圈的数量，但最多不超过 6 个，以提高密封效果。安装时，V 形圈的开口应面向压力高的一侧。

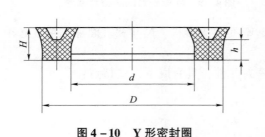

图 4 – 10　Y 形密封圈

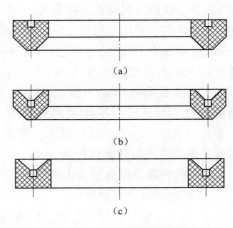

图 4 – 11　V 形密封圈装置

（a）压环；（b）V 形圈；（c）支承环

V 形密封圈密封具有以下优点：

① 性能良好，耐高压，寿命长；

② 通过调节压紧力，可获得最佳的密封效果；

③ 能在偏心状态下可靠密封；

④ 当无法从轴向装入时，可切交错开口安装，不影响密封效果。

但 V 形密封装置的摩擦阻力及结构尺寸较大，检修和拆装不方便。它主要用于活塞及活塞杆的往复运动密封。

4. 缓冲装置

设置液压缸的缓冲装置是为了防止活塞在行程终了时由于惯性力的作用而与缸盖发生撞击。缓冲原理是活塞在接近缸盖时，增大回油阻力，以降低活塞的运动速度，从而避免活塞撞击缸盖。常用的缓冲装置是应用节流原理来实现的，如图 4 – 12 所示。

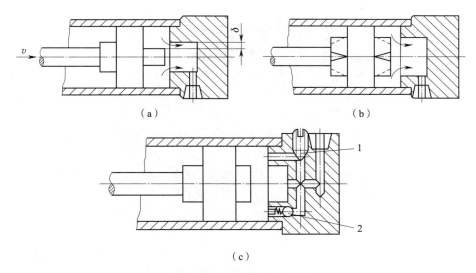

图 4-12　液压缸的缓冲装置

（a）圆柱形环隙式；（b）可变节流槽式；（c）可调节流孔式

1—节流阀；2—单向阀

5．排气装置

液压系统在安装过程中或长时间停工后会渗入空气，油液中也会混有空气，这些空气的存在会使活塞运动产生爬行和振动，并产生噪声，严重时会影响液压系统的正常工作。为了便于排除积留在液压缸内的空气，一般采取以下两种措施：

（1）对于要求不高的液压缸，可不设专门的排气装置，而是将油口布置在缸筒两端的最高处，使缸中空气随油液流回油箱，再从油箱中逸出。

（2）对于速度稳定性要求较高的液压缸和大型液压缸，则必须设置专门的排气装置（排气阀），如图 4-13 所示。工作前拧开排气塞，使缸中活塞全行程空载往复运动数次，空气通过排气阀排出。排完气后关闭排气阀。

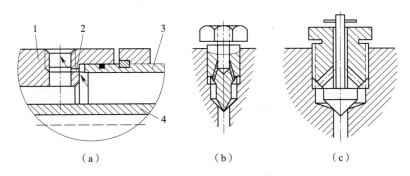

图 4-13　液压缸的排气装置

1—缸盖；2—放气小孔；3—缸体；4—活塞杆

四、任务实训

完成如图 4-14 所示液压缸的装调，填写液压缸任务工单（见表 4-2）。

图 4 – 14　液压缸

表 4 – 2　液压缸任务工单

序号	名称	操作规程 （资讯）	工具	拆卸要求 （决策计划）	拆装零件名称 （实施）	组装要求	缸特点及选用 （检查评估）
1	单活塞杆液压缸						
2	齿条活塞缸						

五、技能点

（1）将液压缸拆装工作任务按照"资讯—决策计划—实施—检查评估"四步法来制定拆装和实施方案，最终评估。

（2）学生通过完成具体工作任务，体会液压缸拆装的真实过程。

（3）认识各种缸结构、原理、职能符号、功用等基本知识；具有实践动手的能力和拆装、连接缸的能力；具有元件选用的能力。

六、知识拓展

（一）液压缸的设计计算

液压缸的设计是在对所设计的液压系统进行工况分析、负载计算和确定了其工作压力的基础上进行的。首先根据使用要求选择液压缸的类型，再按负载和运动要求确定液压缸的主要结构尺寸，必要时需进行强度检验，最后进行结构设计。

液压缸的主要尺寸包括液压缸的内径 D、缸的长度 L、活塞杆直径 d，主要根据液压缸的负载、活塞运动速度和行程等因素来确定上述参数。

1. 液压缸工作压力的确定

液压缸要承受的负载包括有效工作负载、摩擦阻力和惯性力等。液压缸的工作压力按负载确定。对于不同用途的液压设备，由于工作条件不同，采用的压力范围也不同。设计时，液压缸的工作压力可按负载大小由表 4 – 3 确定，也可按液压设备类型参考表 4 – 4来确定。

表4-3 液压缸负载与工作压力之间的关系

负载 F/N	<5 000	5 000～10 000	10 000～20 000	20 000～30 000	30 000～50 000	>50 000
工作压力 p/MPa	<0.8～1	1.5～2	2.5～3	3～4	4～5	≥5～7

表4-4 各类液压设备常用工作压力

设备类型	磨床	组合机床	车床、铣床、镗床	拉床	龙门刨床	农业机械、小型工程机械	液压机、重型机械、起重运输机械
工作压力 p/MPa	0.8～2	3～5	2～4	8～10	2～8	10～16	20～32

2. 液压缸内径和活塞直径的确定

液压缸的内径 D 根据液压缸的总负载力 F 和工作压力 p 来计算。

（1）以无杆腔作工作腔时，液压缸的内径为

$$D = \sqrt{\frac{4F_{max}}{\pi p}}$$

（2）以有杆腔作工作腔时，液压缸的内径为

$$D = \sqrt{d^2 + \frac{4F_{max}}{\pi p}}$$

式中 p——液压缸工作腔的工作压力，可根据机床类型或负载的大小来确定；

F_{max}——最大作用负载。

活塞的直径 d 根据液压缸往返速比 λ_v 来确定，也可按活塞杆的受力情况确定活塞杆的直径。

当活塞杆受拉时

$$d = (0.3 \sim 0.5)D$$

当活塞杆受压时

$$d = (0.5 \sim 0.55)D \quad (p \leqslant 5.0 \text{ MPa})$$

$$d = (0.6 \sim 0.7)D \quad (5.0 \text{ MPa} < p \leqslant 7.0 \text{ MPa})$$

$$d = 0.7D \quad (p > 7.0 \text{ MPa})$$

必要时活塞杆直径 d 按下式进行强度校核，即

$$d \geqslant \sqrt{\frac{4F}{\pi[\sigma]}} \tag{4-9}$$

式中 F——液压缸的负载力；

$[\sigma]$——活塞杆材料许用应力，$[\sigma] = \dfrac{\sigma_b}{n}$，$\sigma_b$ 为材料的抗拉强度，n 为安全系数，

一般 $n \geqslant 1.4$。

用上述各种方法求得的缸筒内径 D 和活塞杆直径 d 必须按国家标准系列取标准值。

3. 缸筒壁厚 δ 的确定

一般情况下，液压缸筒壁厚往往由结构工艺上的要求确定，必要时再校核其强度。

当 $\dfrac{D}{\delta} \geqslant 10$ 时，可按薄壁筒公式进行校核，即

$$\delta \geqslant 2\,\frac{p_y D}{[\sigma]} \tag{4-10}$$

式中　D——缸筒内径；

p_y——试验压力，当缸的额定压力 $p_n \leqslant 16$ MPa 时，取 $p_y = 1.5p_n$；当 $p_n > 16$ MPa 时，取 $p_y = 1.25P_n$；

$[\sigma]$——缸筒的材料许用应力，$[\sigma] = \dfrac{\sigma_b}{n}$，$\sigma_b$ 为材料抗拉强度，n 为安全系数，一般取 $n = 5$。

当 $\dfrac{D}{\delta} < 10$ 时，按厚壁筒来进行校核，即

$$\delta \geqslant \frac{D}{2}\left[\sqrt{\frac{[\sigma] + 0.4p_y}{[\sigma] - 1.3p_y}} - 1 \right] \tag{4-11}$$

液压缸外径 D_1 可由下式计算：

$$D_1 = D + 2\delta \tag{4-12}$$

式中　D_1——液压缸外径，应按有关标准圆整为标准值。

4. 液压缸其他部位尺寸的确定

如图 4-15 所示，液压缸其他部位尺寸按下列公式确定。

导向长度 H 为

$$H \geqslant \frac{L}{20} + \frac{D}{2}$$

式中　L——液压缸的最大行程。

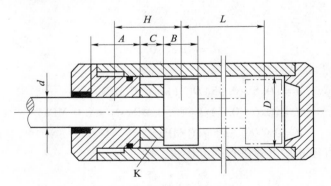

图 4-15　液压缸的结构尺寸

活塞宽度 B 为

$$B = (0.6 \sim 1.0)D$$

导向套滑动面长度 A 为

$$A = (0.6 \sim 1.6)D \quad (D < 80 \text{ mm})$$

$$A = (0.6 \sim 1.0)d \quad (D > 80 \text{ mm})$$

当装有隔套 K 时，隔套宽度 C 为

$$C = H - \frac{A+B}{2}$$

活塞杆长度根据液压缸最大行程 L 来确定。对于工作行程中受压的活塞杆，当活塞杆长度 L 与其直径 d 之比大于 15 时，应对活塞杆进行稳定性验算，关于稳定性验算的内容可查阅液压设计手册。

（二）旋转运动执行元件

液压马达是把液体的压力能转换为旋转运动的机械能的能量转换装置。从结构形式上分，液压马达和液压泵的分类完全一样，有齿轮式、叶片式、柱塞式和螺杆式。

液压泵和马达的能量转换关系如图 4 – 16 所示。从原理上讲，液压泵或液压马达装置的传动轴输入转动机械能时，其油口输出液体压力能（泵）；反之，油口输入压力油时，传动轴输出转动机械能（马达）。图 4 – 17 所示为叶片式液压马达的工作原理。

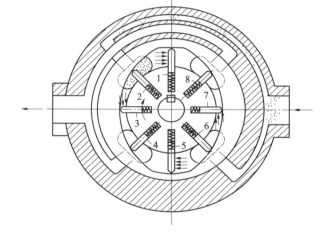

图 4 – 17　叶片式液压马达的工作原理

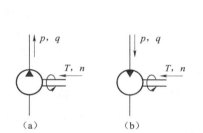

图 4 – 16　液压泵和液压马达的能量转换关系

（a）液压泵；（b）液压马达

1．液压马达的分类

液压马达的结构如液压泵一样，也可分为齿轮式、叶片式和柱塞式三大类。若按转速来分，一般认为，额定转速高于 500 r/min 的液压马达属于高速马达，额定转速低于 500 r/min 的马达属于低速马达。

通常，高速液压马达的输出转矩不大，故又称为高速小转矩液压马达；低速液压马达的输出转矩较大，所以又称为低速大转矩液压马达。

液压马达的分类如图 4 – 18 所示。

2．液压马达的工作原理和结构特点

液压马达同样有单向和双向、定量和变量之分。由于结构上的差异，不同的马达其基本特性和适用范围也有所不同。

齿轮式马达密封性差，容积效率低，油压也不是太高，但其结构简单，价格便宜，常用于高转速低扭矩和运动平

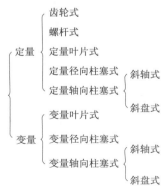

图 4 – 18　液压马达的分类

稳性要求不高的场合。

叶片式马达体积小，转动惯量小，动作灵敏，但同样容积效率不高，且机械特性偏软，低速不稳定，因此适用于中速以上，扭矩不大，要求启动、换向频繁的场合。

轴向柱塞式马达容积效率高，调速范围大，且低速稳定性好，但耐冲击性能稍差，常用于要求较高的高压系统。低速大扭矩径向柱塞式马达排量大，体积大，转速低，不需要减速箱，可直接用于驱动负载。

液压马达和液压泵从工作原理上来说是一致的，都是通过密封工作腔的容积变化来实现能量转换的。从原理上来讲，除阀式配流的液压泵（具有单向性）外，其他形式的液压泵和液压马达都可以通用。下面以叶片式液压马达（见图4-17）为例，对液压马达的工作原理作简单介绍。

叶片式液压马达的结构一般是双作用定量马达。在图4-17中，当压力油进入压油腔后，在叶片1、3、5、7上，一面作用有压力油，另一面为排油腔的低压油。由于叶片1、5的受力面积大于叶片3、7，从而由叶片受力差构成的转矩推动转子做顺时针方向转动。改变压力油的输入方向，马达反向旋转。

与叶片泵相比，叶片式液压马达的叶片伸缩除靠压力油作用外，还要靠弹簧的作用力使叶片压紧在定子内表面上。因为在启动时，转子不转动，无离心力，如叶片未贴紧定子内表面，进油腔和排油腔相通，就不能形成油压，也不能输出转矩，因此，在叶片根部应设置预紧弹簧。叶片式液压马达的另一个结构特点是叶片在转子中是径向放置的，因为马达要求正反转。此外，为了使叶片的底部始终都通压力油，不受液压马达转动方向的影响，在回、压油腔通入叶片根部的通路上应设置单向阀。

叶片式液压马达体积小、转动惯量小、动作灵敏，适用于换向频率较高的场合；但其泄漏量较大，低速工作时不稳定。因此，叶片式液压马达一般用于转速高、转矩小和动作要求灵敏的场合。

低速大转矩液压马达多为径向柱塞式。它们排量大，输出转矩大，转速低，低速稳定性好，有的低速达到每分钟几转甚至零点几转，因此它可以直接与工作机构连接，不需要减速装置，使传动机构大大简化。其广泛应用于工程机械、船舶、冶金、采矿以及起重设备中。

再以轴向柱塞式马达为例来说明液压马达的工作原理，如图4-19所示。当压力油输入时，处于高压腔中的柱塞被顶出，压在斜盘上。设斜盘作用在柱塞上的反力为 $\boldsymbol{F}$，力 $\boldsymbol{F}$ 的轴向分力 $\boldsymbol{F}_x$ 与柱塞上的液压力平衡，而径向分力 $\boldsymbol{F}_y$ 则使处于高压腔中的每个柱塞都对转子中心产生一个转矩，使缸体和马达轴旋转。如果改变液压马达压力油的输入方向，则轴反转。

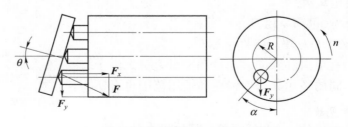

图4-19　轴向柱塞式马达的工作原理

3．液压马达的选择

选择液压马达时需考虑的因素较多，如转矩、转数、工作压力、排量、外形及连接尺寸、容积效率、总效率等。

液压马达的种类较多，可针对不同的工况选择合适的液压马达。表4-5所示为各类液压马达的适用工况及应用范围。

表4-5　各类液压马达的适用工况及应用范围

马达类型	适用工况	应用范围
齿轮式马达	结构简单，制造容易，但转速脉动性较大，负载转矩不大，速度平稳性要求不高，噪声限制不严，适用于高转速、低转矩的情况	钻床、通风设备
叶片式马达	结构紧凑，外形尺寸小，运动平稳，噪声小，负载转矩也较小	磨床回转工作台、机床操纵机构
摆线马达	负载速度中等，体积要求小	塑料机械、煤矿机械、挖掘机
轴向柱塞式马达	结构紧凑，径向尺寸小，转动惯量小，转速较高，负载大，有变速要求，负载转矩较小，低速平稳性要求高	起重机、铰车、铲车、内燃机车、数控机床、行走机械
径向柱塞式马达	负载转矩较大，速度中等，径向尺寸大	塑料机械、行走机械等
内曲线径向马达	负载转矩很大，转速低，适用于平稳性要求高的场合	挖掘机、拖拉机、起重机、采煤机等

低速运转工况可选低转速马达，也可以采用高速马达加速机装置。在两种选择上，应根据结构及空间情况、设备成本、驱动转矩是否合理等进行选择。确定所采用马达的种类后，可根据液压马达产品技术参数概览表选出几种规格，然后进行综合分析，分析中应优先考虑既满足转矩要求又使系统流量较小，且压力较低、制造成本低。其次对同类产品应选择总效率高的、压降低的，最终选择一个较合适的产品。

4．液压马达的基本图形符号（见图4-20）

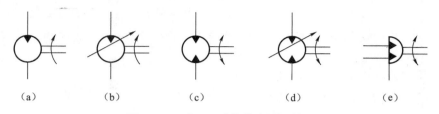

（a）　　　　（b）　　　　（c）　　　　（d）　　　　（e）

图4-20　液压马达的基本图形符号

（a）单向定量马达；（b）单向变量马达；（c）双向定量马达；
（d）双向变量马达；（e）摆动式液压马达

5．液压马达常见故障及其排除方法

液压马达常见故障及其排除方法如表4-6所示。

表4-6　液压马达常见故障及其排除方法

故障现象	产生原因	排除方法
转速低、输出转矩小	滤油器阻塞、油液黏度过大、泵间隙过大、泵效率低,使供油不足	清洗滤油器,更换黏度适合的油液,保证供油量
	电动机转速低,功率不匹配	更换电动机
	密封不严,有空气进入	紧固密封
	油液污染,堵塞马达内部通道	拆卸、清洗马达,更换油液
	油液黏度小,内泄漏增大	更换黏度适合的油液
	油箱中油液不足或管径过小或管路过长	加油,加大吸油管径
	齿轮马达侧板和齿轮两侧面、叶片马达配油盘和叶片等零件磨损,造成内泄漏和外泄漏	对零件进行修复
	单向阀密封不良,溢流阀失灵	修理阀芯和阀座
噪声过大	进油口滤油器堵塞,进油管漏气	清洗,紧固接头
	联轴器与马达轴不同心或松动	重新安装调整或紧固
	齿轮马达齿形精度低、接触不良、轴向间隙小,内部个别零件损坏,齿轮内孔与端面不垂直,端盖上两孔不平行,滚针轴承断裂,轴承架损坏	更换齿轮,或研磨修整齿形,研磨有关零件并重配轴向间隙,对损坏的零件进行更换
	叶片和主配油盘接触的两侧面、叶片顶端或定子内表面磨损或刮伤,扭力弹簧变形或损坏	根据磨损程度修复或更换
	径向柱塞式马达径向尺寸严重磨损	修磨缸孔,重配柱塞

习题与思考题

4-1　双杆式活塞缸有什么特点?缸体固定式和活塞杆固定式各有什么特点?

4-2　已知单活塞杆液压缸的内径 $D = 50$ mm,活塞杆直径 $d = 35$ mm,泵的供油量为 18 L/min。试求:

(1) 液压缸差动连接时的运动速度。

(2) 若缸在差动阶段所能克服的外负载 $F = 1\ 000$ N,无杆腔内油液的压力该有多大(不计管路内压力损失)?

4-3　当机床工作台的行程较长时,采用什么类型的液压缸合适?为什么?如何实现工作台的往复运动?

4-4　图4-21所示两结构相同的串联液压缸,$A_1 = 100$ cm², $A_2 = 80$ cm², $p_1 = 9 \times 10^5$ Pa, $q_1 = 12$ L/min。若不计摩擦损失和泄漏,问:

(1) 两缸负载相同时的负载和速度各为多少?

（2）缸 1 不受负载时，缸 2 能承受多大负载？反之，缸 2 不受负载时，缸 1 能承受多大负载？

（3）当缸 2 的输入压力 p_2 是缸 1 的输入压力的一半时，两缸各能承受多大负载？

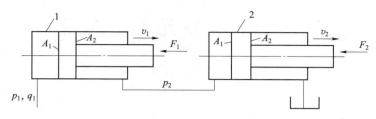

图 4-21　题 4-4 图

4-5　简述液压马达的工作原理。

第五章 控制元件的选用

任务导读

1. 控制元件的类型。
2. 方向控制阀的结构、原理及应用。
3. 换向阀的中位机能。
4. 压力控制阀的结构、原理及选用。
5. 流量控制阀的结构、原理及选用。

第一节 登机客梯车液压方向阀的选用

一、任务引入

登机客梯车（见图5-1）是供旅客上下飞机的自行式阶梯结构设备，可根据飞机的停放情况随时在不同地点作业，是为飞机提供地面服务的机场必须配套的特种车辆。其液压系统主要由液压油箱、液压泵、液压控制阀、液压油缸、定位装置、应急装置组成。

液压系统中，除需要液压泵来提供动力和液压执行元件来驱动工作装置外，还需要对元件的运动方向、运动速度及力的大小进行控制，这就需要一些控制元件。液压阀主要控制液体的流动方向、流量的大小和压力的高低，以满足执行元件的工作要求。所有阀的控制都是通过阀体和阀芯的相对运动来实现的。

图 5-1 登机客梯车

二、任务分析

（1）当客梯车开到飞机客舱门附近，活动平台前端缓冲橡胶对准飞机客舱门下沿时，接合取力器，并接合液压泵。

（2）用发动机动力带动液压泵旋转产生压力油。

（3）液压油通过液压管路、控制阀，驱动液压缸动作。

（4）使活动旋梯、固定旋梯升降至平台与飞机客舱门对应高度时，驾驶客梯车使活动平台前端同飞机舱门下沿缓慢柔性对接。然后放下支撑脚，断开液压泵，关闭发动机，拉出平台安全扶板，打开飞机客舱门让旅客上下飞机。

（5）撤离飞机时，收回安全挡板，收起支撑脚，缓慢倒车，离开飞机后再降下活动旋梯与固定梯。

三、基本知识

（一）液压控制阀的功用、分类及性能要求

1．液压控制阀的功用

液压控制阀是用来控制系统中流体的流动方向或调节其压力和流量的，因此它可以分为方向阀、压力阀和流量阀三大类。一个形状相同的阀，可以因作用不同而具有不同的功能。压力阀和流量阀利用通流截面的节流作用控制系统的压力和流量，而方向阀则利用通流通道的更换控制流体的流动方向。

2．液压控制阀的分类

液压控制阀可按不同的特征进行分类，如表5－1所示。

表5－1　液压控制阀的分类

分类方法	种类	详细分类
按机能分	压力控制阀	溢流阀、减压阀、顺序阀、压力继电器、卸荷阀、平衡阀、比例压力控制阀、缓冲阀、仪表截止阀、限压切断阀等
	流量控制阀	节流阀、单向节流阀、调速阀、分流阀、集流阀、比例流量控制阀、排气节流阀等
	方向控制阀	单向阀、液控单向阀、换向阀、行程减速阀、充液阀、梭阀、比例方向控制阀、快速排气阀、脉冲阀等
按操纵方式分	人力操纵阀	手把及手轮、踏板、杠杆
	机械操纵阀	挡块、弹簧、液压、气动阀
	液、气动阀	液动阀、气动阀
	电动操纵阀	电磁铁控制、电－液联合控制
按连接方式分	管式连接	螺纹式连接、法兰式连接
	板式及叠加式连接	单层连接板式、双层连接板式、集成块连接、叠加阀
	插装式连接	螺纹式插装、法兰连接插装

续表

分类方法	种类		详细分类
按控制信号形式分	开关定值控制阀（普通液压阀）		定值控制液流的压力和流量
	模拟量	伺服阀	根据输入信号，成比例、连续、远距离控制液流的压力、方向和流量
		比例阀	根据输入信号，成比例、连续、远距离控制液流的压力、方向和流量
	数字量	数字阀	根据输入的脉冲数或脉冲频率，控制液流的压力和流量，只能用于小流量的控制场合，如电液控制的先导控制级

3．液压控制阀的性能要求

系统中所用的液压控制阀应满足以下要求：

（1）动作灵敏，使用可靠，工作时冲击和振动小，噪声小，寿命长。

（2）流体流过时压力损失小。

（3）密封性能好。

（4）结构紧凑，安装、调整、使用和维护方便，通用性大。

（二）方向控制阀

方向控制阀简称方向阀，主要用来通断油路或切换油流的方向，以满足对执行元件的启动、停止和运动方向的要求。按其用途可分为单向阀和换向阀两大类，如图 5 - 2 所示。

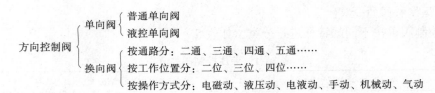

图 5 - 2　方向控制阀的分类

1．单向阀

1）普通单向阀

普通单向阀使油液只能在一个方向上流动，其反方向被堵塞，故又称为止回阀。

它的结构及图形符号如图 5 - 3 所示，这种阀由阀体、阀芯和弹簧组成。当压力从下部向上流动时，油液的压力克服弹簧作用在阀芯上的阻力，使阀芯向上移动，打开阀口，使液体能够从下向右流动。当压力油反向流动时，液压力和弹簧力一起使阀芯锥面压紧在阀座上，使阀口关闭，油液无法反向流动。

为了保证单向阀工作灵敏可靠，单向阀中的弹簧刚度一般都很小。单向阀的开启压力一般为 0.03 ~ 0.05 MPa，所以单向阀中的弹簧很软。单向阀也可以用作背压阀，将软弹簧更换成合适的硬弹簧，就成为背压阀。背压阀常安装在液压系统的回油路上，用来产生 0.3 ~ 0.5 MPa 的背压力。

单向阀除如上所述作背压阀外，常被安装在泵的出口，可防止系统压力冲击对泵的影响，另外泵不工作时可防止系统油液经泵倒流回油箱；单向阀还可用来分隔油路防止干扰；单向阀和其他阀组合，便可组成复合阀，如单向减压阀、单向节流阀等。

2）液控单向阀

在普通单向阀的基础上多了一个控制口，当控制口空接时，该阀相当于一个普通单向阀；若控制口 C 接压力油，则油液可双向流动，如图 5 – 4 所示。

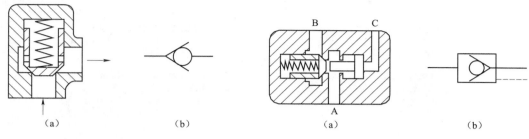

图 5 – 3　单向阀

（a）结构；（b）图形符号

图 5 – 4　液控单向阀

（a）结构；（b）图形符号

液控单向阀在系统中的主要用途有：

（1）对液压缸进行锁闭。

（2）作立式液压缸的支撑阀。

（3）用两个液控单向阀还可以组成"液压锁"。

3）单向阀的选用

在选用单向阀时，除了根据液压系统合理选择开启压力外，还应特别注意工作时的流量与单向阀的额定流量匹配。当通过单向阀的流量远小于额定流量时，单向阀有时会产生振动。安装时，必须认清单向阀的进、出口方向，以免影响液压系统的正常工作。特别是对于液压泵出口处安装的单向阀，若反向安装可能会损坏液压泵及原动机。

2．换向阀

换向阀的作用是利用阀芯和阀体的相对运动来接通、关闭油路或变换油液通向执行元件的流动方向，以使执行元件启动、停止或变换运动方向。

1）换向阀的主要性能

换向阀有下列主要性能：

（1）油液流经换向阀时的压力损失小。

（2）各关闭阀口的泄漏量小。

（3）换向可靠，换向时平稳迅速。

2）换向阀的分类

（1）按接口数及切换位置数分类。

所谓接口，是指阀上各种接油管的进、出口。进油口通常标为 P，回油口标为 T，出油口则以 A、B 来表示。阀内阀芯可移动的位置数称为切换位置数，通常将接口称为"通"，将阀芯的位置称为"位"。例如，如图 5 – 5 所示的手动换向阀有三个切换位置、四个接口，故称该阀为三位四通手动换向阀。该阀的三个工作位置与阀芯在阀体中的对应位置如图 5 – 6 所示，各种"位"和"通"的换向阀符号如图 5 – 7 所示。

二通阀有两个口，即一个输入口 P 和一个输出口 A。二通阀有常通型和常断型之分。常通型是指阀的控制口未加控制信号（即零位）时，P 口和 A 口相通。反之，常断型阀在

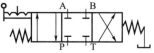

图 5 – 5　三位四通手动换向阀

零位时，P 口和 A 口是断开的。

三通阀有三个口，三通阀既可以是两个输入口（用 P_1、P_2 表示）和一个输出口，作为选择阀（选择两个不同大小的压力值）；也可以是一个输入口 P 和两个输出口 A 和 B，作为分配阀。

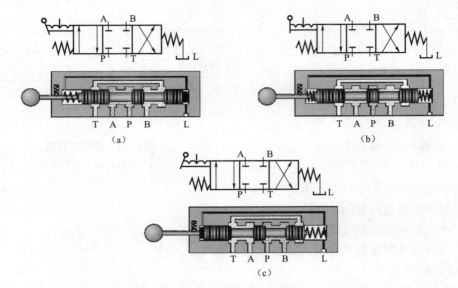

图 5-6 换向阀动作原理

（a）手柄左扳，阀左位工作；（b）松开手柄，阀中位工作；（c）手柄右扳，阀右位工作

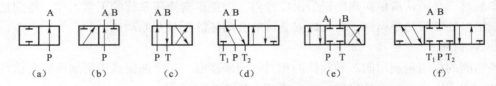

图 5-7 换向阀"位"和"通"的图形符号

（a）二位二通；（b）二位三通；（c）二位四通；（d）二位五通；（e）三位四通；（f）三位五通

四通阀有四个口，除 P、A、B 外，还有一个回油口 T，通路为 P→A、B→T 或 P→B、A→T。

五通阀有五个口，除 P、A、B 外，还有两个回油口 T_1、T_2，通路为 P→A、B→T_2 或 P→B、A→T_1。五通阀也可以变成选择式四通阀，即两个输入口 P_1 和 P_2、两个输出口 A、B 和一个回油口 T。此两个输入口可以供给压力不同的压力油。

（2）**按操作方式分类。**

推动阀内阀芯移动的方法有手动、脚动、机械动、液压动、电磁动等，如图 5-8 所示。阀上如装有弹簧，则当外加压力消失时，阀芯会回到原位。

图 5-8 换向阀操纵方式的图形符号

（a）手动；（b）机械动（滚轮式）；（c）电磁动；（d）弹簧；

（e）液压动；（f）液压先导控制；（g）电磁-液压先导控制

3) 换向阀的结构

在液压传动系统中广泛采用的是滑阀式换向阀,在这里主要介绍这种换向阀的几种结构。

(1) 手动换向阀。

手动换向阀是利用手动杠杆改变阀芯位置来实现换向的,如图 5-5 所示。

图 5-9 (a) 所示为自动复位式手动换向阀,手柄左扳则阀芯右移,阀的油口 P 和 A 通、B 和 T 通;手柄右扳则阀芯左移,阀的油口 P 和 B 通、A 和 T 通;放开手柄,阀芯在弹簧的作用下自动回复中位,四个油口互不相通。

如果将该阀阀芯右端弹簧的部位改为图 5-9 (b) 的形式,即成为可在三个位置定位的手动换向阀,图 5-9 (c)、(d) 所示分别为图 5-9 (a)、(b) 对应的手动换向阀图形符号。

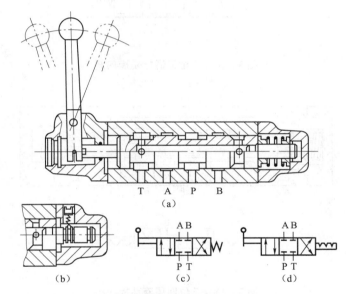

图 5-9 手动换向阀结构及图形符号

(2) 电磁换向阀。

电磁换向阀是利用电磁铁的通、断电而直接推动阀芯来控制油口的连通状态。

图 5-10 所示为三位五通电磁换向阀,当左边电磁铁通电、右边电磁铁断电时,阀油口的连接状态为 P 和 A 通、B 和 T_2 通,T_1 被堵死;当右边电磁铁通电、左边电磁铁断电时,P 和 B 通、A 和 T_1 通,T_2 被堵死;当左右电磁铁全断电时,五个油口全部被堵死。

(3) 液动换向阀。

如图 5-11 所示,当 K_1 通压力油、K_2 回油时,P 与 A 通、B 与 T 通;当 K_2 通压力油、K_1 回油时,P 与 B 通、A 与 T 通;当 K_1、K_2 都未通压力油时,P 不通,A、B 与 T 油口相通。

(4) 电液换向阀。

电液换向阀是由电磁换向阀和液动换向阀组合而成的。电磁换向阀起先导作用,它可以改变和控制液流的方向,从而改变液动换向阀的位置。由于操纵液动换向阀的液压推力可以很大,因此主阀可以做得很大,允许有较大的流量通过,这样用较小的电磁铁就能控制较大的液流了。图 5-12 所示为三位四通电液换向阀。

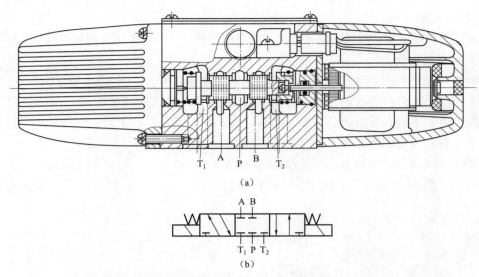

（a）

（b）

图 5 – 10   三位五通电磁换向阀

（a）结构；（b）图形符号

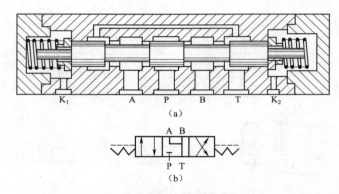

（a）

（b）

图 5 – 11   三位四通液动换向阀

（a）结构；（b）图形符号

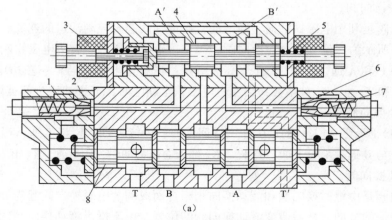

（a）

图 5 – 12   三位四通电液换向阀

（a）结构

1—阀盖；2—节流口；3，5—电磁铁；4—电磁阀阀芯；6—节流阀；7—单向阀；8—液压阀阀芯

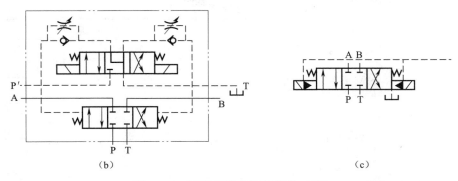

图 5 – 12　三位四通电液换向阀（续）

（b）图形符号；（c）简化图形符号

该阀的工作状态（不考虑内部结构）和普通电磁阀一样，但工作位置的变换速度可通过阀上的节流阀调节。

（5）机动换向阀。

机动换向阀又称行程阀，主要用来控制液压机械运动部件的行程。它借助于安装在工作台上的挡铁或凸轮来迫使阀芯移动，从而控制油液的流动方向。机动换向阀通常是二位的，有二通、三通、四通和五通几种，其中二位二通、二位三通机动换向阀又分常闭和常开两种。

图 5 – 13（a）所示为滚轮式二位二通常闭式机动换向阀，若滚轮未压住，则油口 P 和 A 不通，当挡铁或凸轮压住滚轮时，阀芯右移，则油口 P 和 A 接通。图 5 – 13（b）所示为其图形符号。

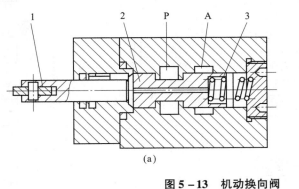
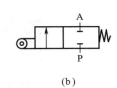

图 5 – 13　机动换向阀

（a）结构；（b）图形符号

1—滚轮；2—阀芯；3—弹簧

4）中位机能

当液压缸或液压马达需在任何位置停止时，要使用三位阀（即除前进端与后退端外，还有第三个位置），此阀双边皆装弹簧，如无外来的推力，阀芯将停在中间位置，称此位置为中间位置，简称中位。换向阀中间位置各接口的连通方式称为中位机能，各种中位机能如表 5 – 2 所示。

换向阀不同的中位机能可以满足液压系统的不同要求，由表 5 – 2 可以看出，中位机能是通过改变阀芯的形状和尺寸得到的。

表5－2 三位换向阀的中位机能

中位机能形式	中间位置时的滑阀状态	中间位置的符号	
		三位四通	三位五通
O	T(T₁) A P B T(T₂)	A B / P T	A B / T₁ P T₂
H	T(T₁) A P B T(T₂)	A B / P T	A B / T₁ P T₂
Y	T(T₁) A P B T(T₂)	A B / P T	A B / T₁ P T₂
J	T(T₁) A P B T(T₂)	A B / P T	A B / T₁ P T₂
C	T(T₁) A P B T(T₂)	A B / P T	A B / T₁ P T₂
P	T(T₁) A P B T(T₂)	A B / P T	A B / T₁ P T₂
K	T(T₁) A P B T(T₂)	A B / P T	A B / T₁ P T₂
X	T(T₁) A P B T(T₂)	A B / P T	A B / T₁ P T₂
M	T(T₁) A P B T(T₂)	A B / P T	A B / T₁ P T₂
U	T(T₁) A P B T(T₂)	A B / P T	A B / T₁ P T₂

在分析和选择三位换向阀的中位机能时，通常考虑以下几点：

（1）系统保压。中位为"O"形，P口被堵塞时，油需从溢流阀流回油箱，从而增加了功率消耗；但是液压泵能用于多缸系统。

（2）系统卸荷。中位为"M"形，当方向阀位于中位时，因P、T口相通，泵输出的油液不经溢流阀即可流回油箱。由于泵直接接油箱，因此泵的输出压力近似为零，也称泵卸荷，系统即可减少功率损失。

（3）液压缸快进。中位为"P"形，当换向阀位于中位时，因 P、A、B 口相通，故可用作差动回路。

（4）液压缸"浮动"或任意位置上的停止。阀在中位，当 A、B 两口互通时，卧式液压缸呈"浮动"状态，可利用其他机构移动调整位置，能使液压缸在任意位置停下来。

5）换向阀的选用

在液压系统设计过程中应考虑各种换向阀的功能特点（如换向阀的中位机能等）、要求，合理选择换向阀，避免设计缺陷，保证液压系统的正常工作。

四、任务实训

（1）认识图 5－14 所示登机客梯车液压支撑系统原理中的换向阀元件及选用。

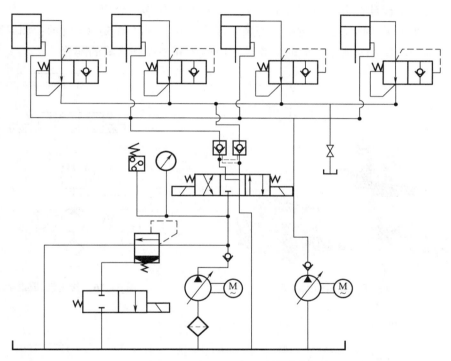

图 5－14 登机客梯车液压支撑系统原理

（2）完成换向阀的装拆选用任务（见表 5－3）。

表 5－3 换向阀任务工单

序号	名称	操作规程	工具	拆卸要求	拆装零件名称	组装要求	阀的特点及选用
1	手动换向阀						
2	机动换向阀						
3	电磁换向阀						
4	液动换向阀						
5	电液换向阀						

五、技能点

（1）方向控制阀的类型及性能要求。

（2）方向阀的图形符号、应用。

（3）方向阀的正确拆装。

六、知识拓展

（一）叠加阀

叠加阀是一种阀体本身就拥有共同油路的回路板，也就是说回路板内部本身就能实现回路的增添或更改。

图5-15所示为采用堆叠的方式形成各种液压回路，阀和阀之间采用O形环来作密封装置，但也有些是设计在另一块隔板上、下，用O形环作为中介媒介层。

图5-16所示为一传统液压回路，若采用传统配管，则如图5-17所示；如果采用叠加式减压阀，则如图5-18所示，此时忽略掉了电磁阀和叠加阀之间的配管。

图5-15　叠加阀元件

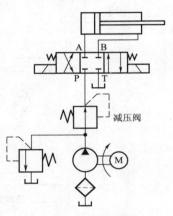

图5-16　传统液压回路

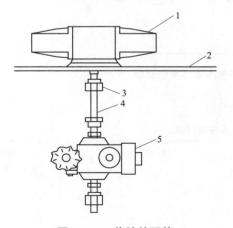

图5-17　传统的配管

1—电磁阀；2—仪表安装面；3—接头；

4—配管；5—减压阀

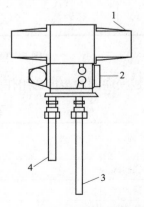

图5-18　利用叠加阀的配管方式

1—电磁阀；2—叠加式减压阀；

3—供油管；4—回油管

叠加阀的特点如下：

（1）液压回路是由叠加阀堆叠而成的，可大幅缩小安装空间。

（2）在液压系统组装中如需改变而增减元件时，将其重新组装既方便又迅速。

（3）减少了由配管引起的外部漏油、振动、噪声等故障，因而提高了其可靠性。

（4）元件集中设置，维护、检修容易。

（5）回路的压力损失较小，可节省能源。

另外，流经每一个叠加阀的压力损失必须详查供应商资料。

1．叠加阀的回路

直接画出叠加阀的回路较难，通常是将传统的回路先画出来，然后再将传统的回路变成叠加阀的回路。

如图 5-19（a）所示，在图中电磁阀的符号上引出一条中心线，以此中心线为界将整个回路分成左右两侧，然后将回路各接口之间的连接线弯曲成颠倒的 U 形，如此就变成如图 5-19（b）所示叠加阀的回路了。

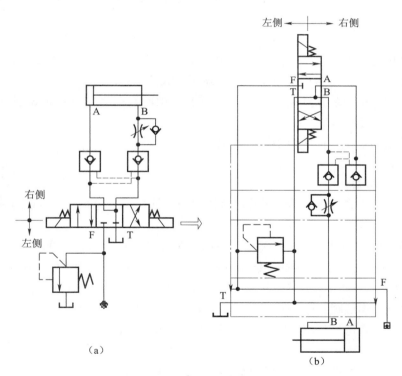

（a）

（b）

图 5-19 构成叠加阀回路

（a）传统的回路；（b）叠加阀的回路

（二）插装阀

液压插装阀元件如图 5-20 所示，是由插装式基本单元（简称插件体）和带有引导油路的阀盖所组成的。液压插装阀按回路的用途，装配不同的插件体及阀盖来进行方向、流量或压力的控制。

插装阀安装在预先开好阀穴的油路板上，可构成所需的液压回路。因此，插装阀可使液压系统小型化。

图 5 - 20　液压插装阀元件

插装阀是 20 世纪 70 年代初出现的一种新型液压元件，为一多功能、标准化、通用化程度相当高的液压元件，适用于钢铁设备、塑胶成型机以及船舶等机械中。

插装阀有以下特点：

（1）插装阀盖的配合，可使插装阀具有方向、流量及压力控制等功能。

（2）插件体为锥形阀结构，因而内部泄漏极少；其反应灵敏，可进行高速切换。

（3）通流能力大，压力损失小，适用于高压、大流量系统。

（4）插装阀直接组装在油路板上，因而减少了由配管引起的外部泄漏、振动、噪声等故障，系统可靠性有所增加。

（5）安装空间缩小，使液压系统小型化。同时，和以往方式相比，插装阀可降低液压系统的制造成本。

1．插装阀的结构

由插装阀所组装成的液压回路通常含有油路板、插件体、盖板、引导阀等基本元件。

1）油路板

油路板是指在方块钢体上挖有阀孔，用以承装插装阀的集成块，如图 5 - 21 所示。X、Y 为控制液压油油路，F 为承装插件体的阀孔，A、B 口是配合插件体的液压工作油路。

2）插件体

插件体主要由锥形阀、弹簧套管、弹簧及若干个密封垫圈所构成，如图 5 - 22 所示。插件体本身有两个主通道，是用于配合油路板上的 A、B 通路的。

3）盖板

盖板如图 5 - 22 所示，安装在插件体的上面，其内有控制油路，它和油路板上 X、Y 控制油路相通以引导压力或泄油，从而使插件体具有开闭的功能。控制油路中还有阻尼孔，用以改善阀的动态特性。

4）引导阀

引导阀是控制插装阀动作的小型电磁换向阀或压力控制阀，叠装在阀盖上。

2．插装阀用作方向控制阀

插装阀如用作方向控制阀且能双向导通时（A→B，B→A），则 $A_X/A_A = 1.5$，有关方向控制插装阀如图 5 - 23 所示。

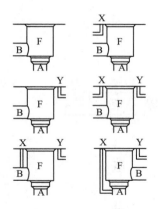

图 5 - 21　油路板

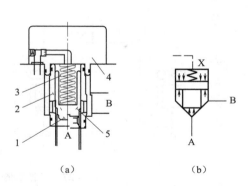

图 5 - 22　插件体

1—有缓冲装置的锥形阀；2—弹簧套管；
3—弹簧；4—盖板；5—无缓冲装置的锥形阀

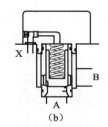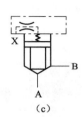

图 5 - 23　方向控制插装阀

（a）外观；（b）结构；（c）图形符号

亦可将如图 5 - 23 所示的方向控制插装阀做适当的改变，得到如图 5 - 24 ~ 图 5 - 27 所示的各种方向控制阀。

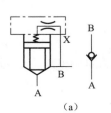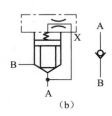

图 5 - 24　单向阀

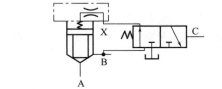

图 5 - 25　液控单向阀

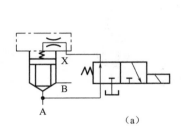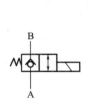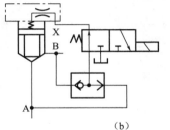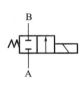

（a）　　　　　　　　　　　　　　　　　　　（b）

图 5 - 26　二位二通电磁换向阀

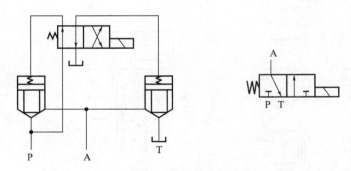

图 5 – 27　二位三通电磁换向阀

3. 插装阀用作方向和流量控制阀

如在方向控制插装阀的阀盖上增加一个锥形阀行程调节器以调节锥形阀开口的大小，这样就形成一个手动的方向、流量控制插装阀，如图 5 – 28 所示。此插装阀具有方向和流量控制的功能，注意其锥形阀的形式和前面所述方向控制插装阀的锥形阀是相同的。

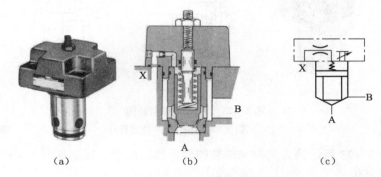

图 5 – 28　方向、流量控制插装阀

(a) 外观；(b) 结构；(c) 图形符号

4. 插装阀用作压力控制阀

插装阀如用作溢流阀时，则 $A_X/A_A = 1$，即用此方法来减少 B 口压力对调整压力的影响。溢流插装阀如图 5 – 29 所示，此时 Y 口要接油箱。

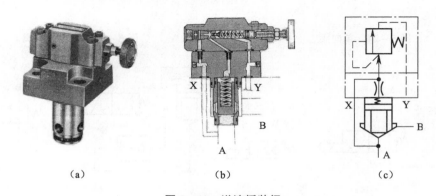

图 5 – 29　溢流插装阀

(a) 外观；(b) 结构；(c) 图形符号

（三）比例式电磁换向阀

比例式电磁换向阀以在阀芯外装置的电磁线圈所产生的电磁力来控制阀芯的移动，依靠控制线圈电流来控制方向阀内阀芯的位移量，故可同时控制油流动的方向和流量。

图 5-30 所示为比例式电磁换向阀的图形符号，通过控制器可以得到任何想要的流量和方向，同时也有压力及温度补偿的功能。比例式电磁换向阀有进油流量控制和回油流量控制两种类型。

（a）　　　　　　　　　　（b）

图 5-30　比例式电磁换向阀的图形符号

（a）进口节流；（b）出口节流

第二节　液压剪板机中压力控制阀的选用

一、任务引入

对于机械加工设备，通常是在工件夹紧后才能够进行后续加工工作，并且要求在后续工作中，工件处于可靠的夹紧状态，直到加工结束。液压剪板机（见图 5-31）主要用于金属板料的剪裁和下料加工，已在机械和船舶等行业得到了广泛的应用。板料在夹紧后需要维持夹紧压力稳定，以保证剪切加工的顺利完成。在液压剪板机的液压系统中，应该选用什么样的压力控制元件呢？

图 5-31　液压剪板机

二、任务分析

液压剪板机对板料的压紧和剪裁动作是由液压缸驱动的，其压紧与松开、剪切与抬起都由液压系统控制。在整个剪切过程中，必须稳定和保持压紧压力，以保证剪切运动的平稳。由于剪切力比压紧力大很多，所以液压系统的压紧力由剪板机的剪切力决定，较小的压紧力控制需要使用压力控制阀中的减压阀来进行调节。

三、基本知识

（一）压力控制阀的分类

压力控制阀简称压力阀，主要用来控制系统或回路的压力。其工作原理是利用作用于阀芯上的液压力与弹簧力相平衡来进行工作的。压力控制阀的分类如图 5-32 所示。

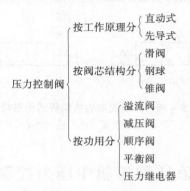

图 5-32　压力控制阀的分类

（二）压力控制阀的结构原理及应用

1. 溢流阀

溢流阀通过阀口的溢流使被控制系统或回路的压力维持恒定，从而实现调压、稳压和限压的功能。对溢流阀的主要性能要求是：调压范围大，调压偏差小，工作平稳，动作灵敏，过流能力大，压力损失小，噪声小等。

1）溢流阀的结构及工作原理

（1）直动式溢流阀。

直动式溢流阀如图 5-33 所示，其压力由弹簧设定，当油的压力超过设定值时，提动头上移，油液就从溢流口流回油箱，并使进油压力等于设定压力。由于压力由弹簧直接设定，其弹簧较硬，压力调节较费力且不够稳定，因此一般将其当安全阀或先导阀使用，用于低压小流量系统。

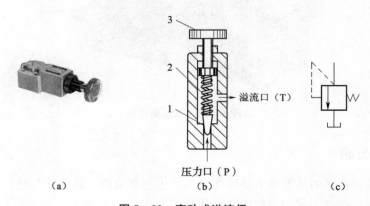

图 5-33　直动式溢流阀

（a）外观；（b）结构；（c）图形符号

1—提动头（锥阀）；2—弹簧；3—调压手轮

（2）先导式溢流阀。

先导式溢流阀如图 5-34 所示，主要由主阀和先导阀两部分组成，其主要特点是利用主阀平衡活塞上、下两腔油液压力差和弹簧力的相互平衡，用于中、高压大流量系统中。

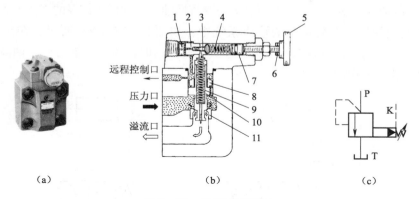

图 5-34　先导式溢流阀

（a）外观；（b）内部结构；（c）图形符号

1，8—间隔环；2—阀座；3—提动头；4—调压弹簧；5—调压手轮；
6—垫圈；7—柱塞；9—弹簧；10—平衡活塞；11—阀座

从压力口进来的压力油作用在平衡活塞环部下方的面积上，同时还通过阻尼孔作用在平衡活塞环部的上方和引导阀内提动头的截面积上。当压力较低时，作用在提动头上的压力不足以克服调压弹簧力，提动头处于关闭状态，此时没有压力油通过平衡活塞上的阻尼孔流动，故平衡活塞上、下两腔压力相等，平衡活塞在弹簧力的作用下轻轻地顶在阀座上，压力口和溢流口不通。

如果压力口压力升高，则当作用在提动头上的油液压力超过弹簧力时，提动头打开，压力油经平衡活塞上的阻尼孔、提动头开口、平衡活塞轴心的油路及溢流口流回油箱。先导阀通过的只是泄油，阻尼孔很细，泄油量只占全溢流量的极小部分，绝大部分油液均经主阀口溢流回油箱。由于压力油通过阻尼孔时会产生压力降，因此平衡活塞的上腔油压力小于下腔油压力。

当通过提动头的流量达到一定的大小时，平衡活塞上、下两腔的油压力差将形成向上的液压力超过弹簧的预紧力和平衡活塞的摩擦阻力及平衡活塞自重等力的总和，平衡活塞上移，使压力口和溢流口相通，大量压力油便由溢流口流回油箱。当平衡活塞上、下两腔压力差形成向上的油液压力和弹簧压力、摩擦力、平衡活塞自重处于平衡状态时，平衡活塞上升并保持一定开度。平衡活塞上升距离的大小根据溢流的多少来自动调节，而上升距离的大小又取决于平衡活塞上、下两腔所形成的压差。

当流经平衡活塞上阻尼孔的流量增加时，平衡活塞上、下两侧的压差增加，平衡活塞上升距离增加，反之则减小；又因为弹簧的刚度很小，使平衡活塞上移所需压差变化很小，所以通过提动头的流量变化也不大。因此提动头的开口变化很小，提动头开启的压力可以说是不变的，亦即先导阀的弹簧一经设定，提动头被打开时的平衡活塞上腔的压力基本保持不变。主阀阀芯因两端均受油压作用，主阀弹簧只需很小的刚度，当溢流量变化引起弹簧压缩量变化时，进油口的压力变化不大，故先导式溢流阀的稳定性能优于直动式溢流阀，但先导式溢流阀是二级阀，其灵敏度低于直动式溢流阀。一般安装在平衡活塞内的弹簧刚度很小。

2) 溢流阀的应用

溢流阀主要有以下 5 个应用：

（1）作溢流阀用。在定量泵的液压系统中，如图 5 – 35（a）所示，常利用流量控制阀调节进入液压缸的流量，多余的压力油可经溢流阀流回油箱，这样可使泵的工作压力保持定值。

（2）作安全阀用。在变量泵的液压系统中，如图 5 – 35（b）所示，在正常工作状态下，溢流阀是关闭的，只有在系统压力大于其调整压力时溢流阀才被打开，油液溢流。溢流阀对系统起过载保护作用。

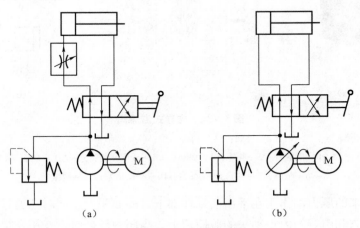

（a）　　　　　　　　　　　（b）

图 5 – 35　溢流阀的应用

（3）作背压阀用。作背压阀时，接在回油路上，产生一定的回油阻力，以改善执行元件的运动平稳性。

（4）作远程压力控制回路用。从较远距离的地方来控制泵工作压力的回路，图 5 – 36 所示为用溢流阀作远程压力控制回路，其回路压力的调定由溢流阀远程控制口所控制，回路压力可维持在 3 MPa、7 MPa、10 MPa。

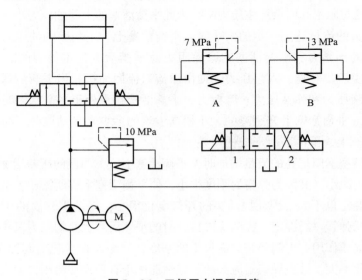

图 5 – 36　三级压力调压回路

远程控制口溢流阀的调定压力一定要低于主溢流阀的调定压力，否则等于将主溢流阀的远程控制口堵塞。

（5）作卸荷阀用。在图 5－34 中，当先导式溢流阀的远程控制口与油箱相通时，相当于先导阀的调定值为零，使液压泵低压卸荷。

2. 减压阀

当回路内有两个以上的液压缸，且其中之一需要较低的工作压力，同时其他的液压缸仍需高压运作时，就得用减压阀提供一个比系统压力低的压力给低压缸。减压阀是利用液流流经缝隙产生压力降的原理，使阀的出口压力低于进口压力的压力控制阀，用于要求某一支路压力低于主油路压力的场合。按其控制压力可分为定值输出减压阀（出口压力为定值）、定比减压阀（进口和出口压力之比为定值）和定差减压阀（进口和出口压力之差为定值）。定值输出减压阀的性能要求是出口压力保持恒定，且不受进口压力和流量变化的影响。

1）减压阀的结构及工作原理

减压阀有直动式和先导式两种，直动式减压阀很少单独使用，而先导式减压阀则应用较多。图 5－37 所示为先导式减压阀，由主阀和先导阀组成，先导阀负责调定压力，而主阀负责减压。

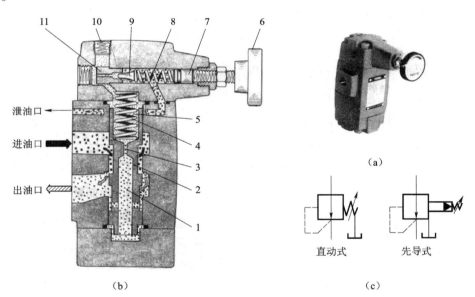

图 5－37　先导式减压阀
（a）外观；（b）结构；（c）图形符号
1—油腔 1；2—滑轴；3—阻尼管；4—弹簧；5—油腔 2；6—调压手轮；7—柱塞；
8—调整弹簧；9—提动头；10—遥控口；11—阀座

压力油由进油口流入，经主阀和阀体所形成的减压缝隙出油口流出，故出口压力小于进口压力。出口压力经油腔 1、阻尼管、油腔 2 作用在先导阀的提动头上。当负载较小，出口压力低于先导阀的调定压力时，先导阀的提动头关闭，油腔 1、油腔 2 的压力均等于出口压力，主阀的滑轴在油腔 2 里的一根刚性很小的弹簧作用下处于最低位置，主阀滑轴凸肩和阀体所构成的阀口全部打开，减压阀无减压作用。

当负载增加，出口压力上升到超过先导阀弹簧所调定的压力时，提动头打开，压力油经排泄口流回油箱，由于有油液流过阻尼管，故油腔 1 的压力大于油腔 2 的压力，当此压力差所产生的作用力大于主阀滑轴弹簧的预压力时，滑轴上升，减小了减压阀阀口的开度，使出口压力下降，直到油腔 1 的压力与油腔 2 的压力之差和滑轴作用面积的乘积同滑轴上的弹簧力相等时，主阀滑轴进入平衡状态，此时减压阀保持一定的开度，出口压力保持在定值。

如果外界干扰使进口压力上升，则出口压力也跟着上升，从而使滑轴上升，此时出口压力又降低，而在新的位置取得平衡，但出口压力始终保持为定值。

当出口压力又降到调定压力以下时，提动头关闭，则作用在滑轴内的弹簧力使滑轴向下移动，减压阀口全打开，减压阀不起减压作用。

注意：减压阀在持续起减压作用时，会有一部分油（约 1 L/min）经泄油口流回油箱而损失泵的一部分输出流量，故在一个系统中，如使用数个减压阀，则必须考虑到泵输出流量的损失问题。

2）减压阀的应用

图 5-38 所示为减压回路，不管回路压力多高，A 缸的压力绝不会超过 3 MPa。

必须指出，应用减压阀必有压力损失，这将增加功耗和使油液发热。当分支油路压力比主油路压力低得多，且流量又很大时，常采用高、低压分别供油，而不采用减压阀。

例 5-1　如图 5-39 所示，溢流阀调定压力 $p_{s1} = 4.5$ MPa，减压阀的调定压力 $p_{s2} = 3$ MPa，活塞前进时，负荷 $F = 1\ 000$ N，活塞面积 $A = 20 \times 10^{-4}$ m^2，减压阀全开时的压力损失及管路损失忽略不计，求：

（1）活塞在运动时和到达尽头时，A、B 两点的压力；

（2）当负载 $F = 7\ 000$ N 时，A、B 两点的压力。

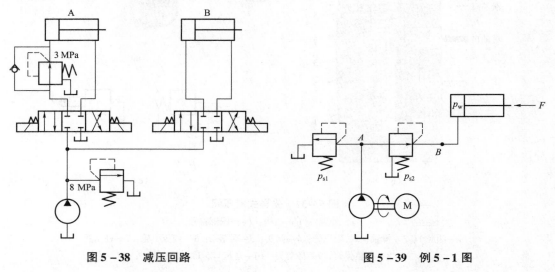

图 5-38　减压回路　　　　　　图 5-39　例 5-1 图

解

（1）活塞运动时，作用在活塞上的工作压力为

$$p_w = \frac{F}{A} = \frac{1\ 000 \text{ N}}{20 \times 10^{-4} \text{ m}^2} = 0.5 \text{ MPa}$$

因为作用在活塞上的工作压力相当于减压阀的出口压力，且小于减压阀的调定压力，所

以减压阀不起减压作用，阀口全开，故有

$$p_A = p_B = p_w = 0.5 \text{ MPa}$$

活塞走到尽头时，作用在活塞上的压力 p_w 增加，且当此压力大于减压阀的调定压力时，减压阀起减压作用，所以有

$$p_A = p_{s1} = 4.5 \text{ MPa}$$

$$p_B = p_{s2} = 3 \text{ MPa}$$

（2）当负载 $F = 7\ 000$ N 时，有

$$p_w = \frac{F}{A} = \frac{7\ 000 \text{ N}}{20 \times 10^{-4} \text{ m}^2} = 3.5 \text{ MPa}$$

因为 $p_{s2} < p_w$，减压阀阀口关闭，减压阀的出口压力最大是 3 MPa，无法推动活塞，所以有

$$p_A = p_{s1} = 4.5 \text{ MPa}$$

$$p_B = p_{s2} = 3 \text{ MPa}$$

3．顺序阀

顺序阀是以压力为信号自动控制油路通断的压力控制阀，常用于控制同一系统多个执行元件的顺序动作。按其控制方式有内控和外控之分，按其结构又有直动式和先导式之分。通过改变控制方式、泄油方式和出口的接法，顺序阀还可构成多种功能，作背压阀、卸荷阀、平衡阀和溢流阀用。顺序阀的工作原理、性能和外形与相应的溢流阀相似，要求也相似。但因功用不同，故有一些特殊的地方。

1）顺序阀的结构及工作原理

顺序阀是用在一个液压泵供给两个以上液压缸且依一定顺序动作的场合的一种压力阀。

顺序阀的结构及其工作原理类似溢流阀，有直动式和先导式两种，如图 5－40 所示。目前较常用直动式，结构如图 5－40（a）所示。顺序阀与溢流阀不同的是出口直接接执行元件，另外有专门的泄油口。图 5－41 所示为不同控制及泄漏方式下直动式顺序阀的图形符号。

2）顺序阀的应用

（1）用于顺序动作回路。

图 5－42 所示为一定位与夹紧回路，其前进的动作顺序是先定位后夹紧，后退是同时退后。

（2）起平衡阀的作用。

在大型压床上由于压柱及上模很重，为防止因自重而产生自走现象，必须加装平衡阀（顺序阀），如图 5－43 所示。

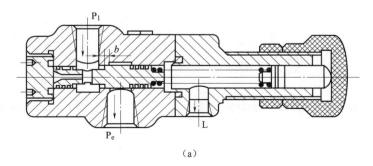

（a）

图 5－40　顺序阀的结构及图形符号

（a）直动式

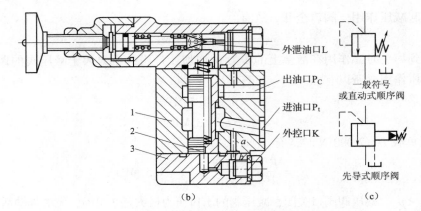

图 5－40　顺序阀的结构及图形符号（续）

（b）先导式；（c）图形符号

1—阀体；2—阀芯；3—端盖

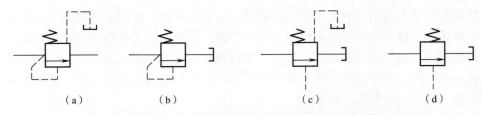

图 5－41　顺序阀四种控制及泄漏方式的图形符号

（a）内控外泄；（b）内控内泄；（c）外控外泄；（d）外控内泄

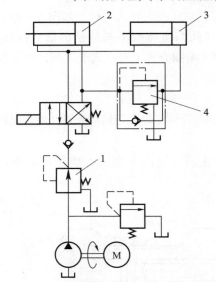

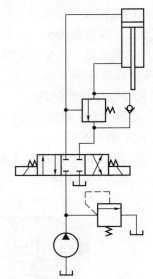

图 5－42　利用顺序阀的顺序动作回路

1—减压阀；2—定位缸；3—夹紧缸；4—顺序阀

图 5－43　平衡回路

4.　压力继电器

压力继电器是一种将液压系统的压力信号转换为电信号输出的元件，其作用是根据液压系统压力的变化，通过压力继电器内的微动开关自动接通或断开电气线路，实现执行元件的顺序控制或安全保护。

　　压力继电器按结构特点可分为柱塞式、弹簧管式和膜片式等。图 5−44 所示为单触点柱塞式压力继电器，主要零件包括柱塞 1、调节螺母 2 和电气微动开关 3。在图 5−44 中，压力油作用在柱塞 1 的下端，液压力直接与柱塞上端弹簧力相比较，当液压力大于或等于弹簧力时，柱塞向上移以压下微动开关触头，接通或断开电气线路；当液压力小于弹簧力时，微动开关触头复位。显然，柱塞上移将引起弹簧的压缩量增加，因此压下微动开关触头的压力（开启压力）与微动开关复位的压力（闭合压力）存在一个差值，此差值对压力继电器的正常工作是必要的，但不宜过大。

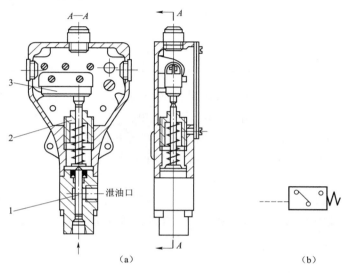

（a）　　　　　　　　　　　　　（b）

图 5−44　单触点柱塞式压力继电器

（a）结构；（b）图形符号

1—柱塞；2—调节螺母；3—电气微动开关

5. 溢流阀、减压阀和顺序阀的比较

　　溢流阀、减压阀和顺序阀之间有许多共同之处，为加深理解和记忆，在此作一比较，如表 5−4 所示。

表 5−4　溢流阀、减压阀和顺序阀的比较

项目 \ 阀	溢流阀	减压阀	顺序阀
控制压力	从阀的进油端引压力油来实现控制	从阀的出油端引压力油来实现控制	从阀的进油端或从外部油源引压力油构成内控式或外控式
连接方式	连接溢流阀的油路与主油路并联，阀出口直接通油箱	串联在减压油路上，出口油到减压部分工作	当作为卸荷和平衡作用时，出口通油箱；当顺序控制时，出口到工作系统
泄漏的回油方式	泄漏由内部回油	外泄回油（设置外泄口）	外泄回油，作卸荷阀用时为内泄回油
阀芯状态	原始状态阀口关闭；当安全阀用，阀口是常闭状态；当溢流阀、背压阀用，阀口是打开状态	原始状态阀口开启，工作过程也是微开状态	原始状态阀口关闭，工作过程中阀口打开
作用	安全作用；溢流、稳压作用；背压作用；远程调压及卸荷作用	减压、稳压作用	顺序控制作用；卸荷作用；平衡（限速）作用；背压作用

四、任务实训

1. 溢流阀拆装

（1）将溢流阀拆装划分成6个工作任务，每个工作任务均在教师的指导下制定和实施方案，并最终评估。

（2）学生通过完成6个具体工作任务（见表5-5）体会零件拆装的真实过程。

表5-5　溢流阀任务工单

序号	名称	工具	拆卸要求	拆装零件名称	组装要求	图形符号	阀的特点及选用
1	直动式溢流阀						
2	先导式溢流阀						

（3）任务过程中以学生为主体，教师进行适当的讲解，并进行引导、监督和评估。

（4）教师应提前准备好各种媒体资料、任务工单、教学课件，并准备好教学场地和设备。

2. 认识和选用剪板机液压系统原理图中各类压力控制阀

图5-45所示为剪板机的液压系统。系统采用变量液压泵供油，溢流阀用于设定系统的工作压力，右侧液压缸的压力为系统压力，溢流阀的遥控口通过二位四通阀实现液压系统的卸荷控制；左侧的压块液压缸运动方向由二位四通电磁阀控制，由于压块液压缸的工作压力较低，故在液压系统中使用减压阀来完成对较高的系统压力的减压，以满足压紧力的需要。

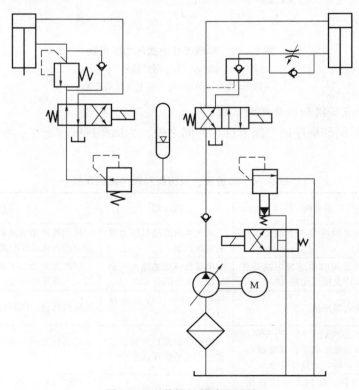

图5-45　剪板机的液压系统

五、技能点

（1）压力控制阀的选用和装调。
（2）压力控制阀回路的应用。

六、知识拓展

比例式压力阀

前面所述的压力阀都需用手动调整的方式来做压力设定，若在应用时碰到需经常调整压力或需多级调压的液压系统，则回路设计将变得非常复杂，操作时只要稍不注意就会失控。若回路中有多段压力用传统做法，则需多个压力阀与方向阀，但也可只用一个比例式压力阀和控制电路来产生多段压力。

比例式压力阀基本上是以电磁线圈所产生的电磁力来取代传统压力阀上的弹簧设定压力，由于电磁线圈产生的电磁力与电流的大小成正比，因此通过控制线圈电流就能得到所要的压力，并且可以无级调压，而一般的压力阀仅能调出特定的压力。

比例式压力阀的结构可参阅有关资料，其图形符号如图 5 – 46 所示。

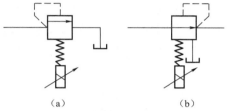

（a）　　　　　　　（b）

图 5 – 46　比例式压力阀
（a）比例式溢流阀；（b）比例式减压阀

第三节　组合机床液压滑台流量控制阀的选用

一、任务引入

组合机床是一种高效率的专用机床，液压滑台（见图 5 – 47）是组合机床上用来实现进给运动的一种通用部件，其运动是靠液压缸驱动的。组合机床在移动工作台一侧布置有动力头，在刀具旋转的情况下，移动工作台带动工件移动，完成对被加工零件的加工。工件通过液压夹具被固定在移动工作台上，夹紧或松开都很方便。为了使工件的夹紧和松开动作不致造成太大的振动和冲击，影响工件在工作台上的定位，需要夹紧油缸动作平稳。而工作台进

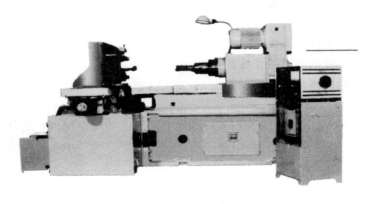

图 5 – 47　组合机床液压滑台

给速度的快慢和速度是否平稳将直接影响工件的加工质量,所以对速度的稳定性要求更高。那么,什么样的液压元件才能实现这样的功能呢?

二、任务分析

液压动力滑台利用液压缸将泵站所提供的液压能转变成滑台所需的机械能,工件的夹紧和松开动作是通过液压夹紧油缸来完成的。油缸动作过快会造成较大的机械冲击和振动,影响工件在夹具上的定位;油缸动作过慢则会影响加工机床的生产效率。为了确保夹紧油缸有一个合适的运动速度以及工作缸进给速度稳定性好,需要对流量进行控制,即需要使用流量控制阀。它对液压系统性能的主要要求是速度换接平稳,进给速度稳定,功率利用合理,效率高,发热少。

三、基本知识

流量控制阀简称流量阀,主要用来调节通过阀口的流量,以满足对执行元件运动速度的要求。流量阀均以节流单元为基础,通过改变阀口通流截面的大小或通流通道的长短来改变液阻,达到调节通过阀口的流量的目的。常用的液压流量控制阀有节流阀、调速阀、行程减速阀、限速切断阀等。

液压系统中使用流量控制阀应满足以下要求:

(1) 有足够的调节范围。

(2) 能保证稳定的最小流量。

(3) 温度和压力变化对流量的影响小。

(4) 调节方便。

(5) 泄漏小。

1. 执行元件的速度

对液压执行元件而言,控制流入执行元件的流量或流出执行元件的流量都可控制执行元件的速度。

液压缸活塞移动的速度为

$$v = \frac{q}{A}$$

液压马达的转速为

$$n = \frac{q}{V}$$

式中　　q——流入执行元件的流量;

　　　　A——液压缸活塞的有效工作面积;

　　　　V——液压马达的排量。

2. 节流调速

任何液压系统都要有泵,不管执行元件的推力和速度如何变化,定量泵的输出流量永远是固定不变的。速度控制或流量控制只是使流入执行元件的流量小于泵的流量而已,故常将其称为节流调速。

1) 节流阀

节流阀是根据孔口与阻流管原理制成的。图5-48所示为节流阀的结构及图形符号,油液从入口进入，经滑轴上的节流口后由出口流出。调整手轮，使滑轴轴向移动，以改变节流口节流面积的大小，从而改变流量大小来达到调速的目的。图 5-48 中油压平衡用孔道用于减小作用于手轮上的力，使滑轴上、下油压平衡。

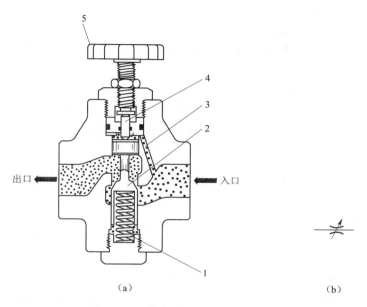

图 5-48　节流阀的结构及图形符号

（a）结构；（b）图形符号

1—弹簧；2—滑轴；3—平衡用孔道；4—推杆；5—流量调整手轮

　　节流阀与单向阀可组合为单向节流阀，与普通节流阀不同的是：它只能控制一个方向上的流量大小，而在另一个方向上无节流作用，如图 5-49 所示。

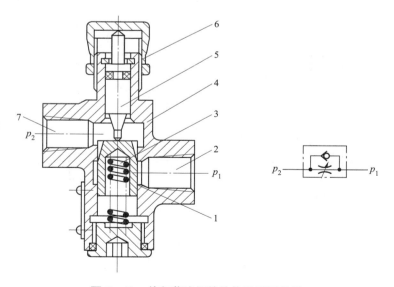

图 5-49　单向节流阀的结构及图形符号

（a）结构；（b）图形符号

1—阀芯；2，7—油孔；3—弹簧；4—阀体；5—推杆；6—调节手轮

液体流经孔口时，其通过的流量与孔口的面积、孔口前后的压力差以及孔口的特性有关，可用下式表达，即

$$q = CA\Delta p^m \tag{5-1}$$

式中 q——通过节流口的流量；

　　　A——节流口的节流面积；

　　　C——由节流口形状与油液黏度决定的系数；

　　　Δp——节流阀进、出口压力差；

　　　m——节流口形状指数：薄壁孔口 $m = 0.5$，细长孔口 $m = 1$。

由式（5-1）可知，当 C、Δp 和 m 不变时，改变节流阀的节流面积 A 可改变通过节流阀的流量大小；又当 C、A 和 m 不变时，若节流阀进、出口压力差 Δp 有变化，则通过节流阀的流量也会有变化。

液压缸所推动的负载变化，使得节流阀进、出口压力差变化，则通过节流阀的流量也有变化，从而活塞的速度不稳定。为使活塞运动速度不会因负载的变化而变化，应该采用调速阀。

2）调速阀

调速阀能在负载变化的状况下保持进、出口的压力差恒定。调速阀是由定差减压阀和节流阀串联而成的组合阀，节流阀用来调节通过的流量，定差减压阀则自动补偿负载变化的影响，使节流阀前、后的压差为恒定值，从而消除了节流阀流量随负载变化的影响。

图 5-50 所示为调速阀的结构，其动作原理为压力油进入调速阀后，先经过定差减压阀的阀口 x（压力由 p_1 减至 p_2），然后经过节流阀阀口 y 流出，出口压力为 p_3。从图中可以看出，节流阀进、出口压力 p_2 和 p_3 经过阀体上的流道被引到定差减压阀阀芯的两端（p_3 引到阀芯弹簧端，p_2 引到阀芯无弹簧端），作用在定差减压阀阀芯上的力包括液压力和弹簧力。

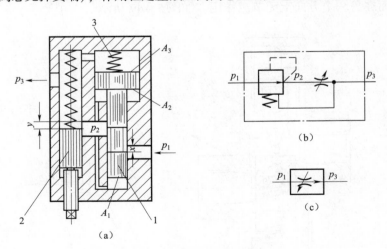

图 5-50　调速阀的工作原理

（a）结构；（b）图形符号；（c）简化的图形符号

1—定差减压阀芯；2—节流阀阀芯；3—弹簧

调速阀内活塞处于平衡状态时，其方程为

$$F_s + A_3 \cdot p_3 = (A_1 + A_2) p_2 \tag{5-2}$$

式中　F_s——弹簧力。

在设计时确定 $A_3 = A_1 + A_2$，则有

$$p_2 - p_3 = \frac{F_s}{A_3} \qquad\qquad (5-3)$$

此时只要将弹簧力固定，则在油温无任何变化时，输出流量即可固定。另外，要使阀能在工作区正常动作，进、出口压力差要在 0.5～1.0 MPa 以上。

以上介绍的调速阀是压力补偿调速阀，即不管负载如何变化，均可通过调速阀内部的活塞和弹簧使主节流口的前、后压差保持固定，从而控制通过节流阀的流量维持不变。

另外，还有温度补偿调速阀，它能在油温变化的情况下保持通过阀的流量不变。

3．流量阀的选用

流量阀选用时需考虑流量阀的具体性能：

（1）系统对流量稳定性的要求，要求高的选用调速阀，否则选用节流阀。

（2）系统的工作压力，所选阀的额定压力应大于系统的最高工作压力。

四、任务实训

分析如图 5-51 所示回路中流量控制阀的调节对系统压力、缸运动速度的影响。

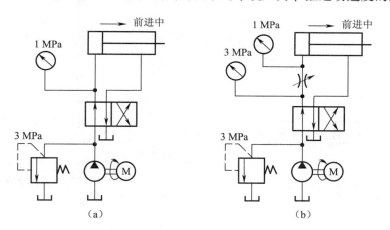

图 5-51　节流调速回路

五、技能点

流量阀的类型、结构、工作原理、图形符号和选用。

六、知识拓展

1．行程减速阀

一般的加工机械，如车床、铣床，当其刀具尚未接触工件时，需快速进给以节省时间，开始切削时则应慢速进给，以保证加工质量；或是液压缸前进时，本身冲力过大，需要在行程的末端使其减速，以便液压缸能停止在正确的位置，此时就需要用图 5-52 所示的行程减速阀。行程减速阀的应用如图 5-53 所示。

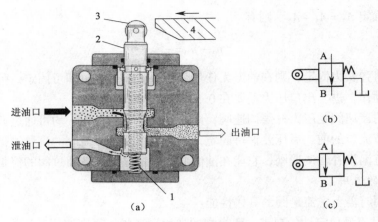

图 5 – 52   行程减速阀

（a）常开式结构；（b）常开式图形符号；（c）常闭式图形符号

1—弹簧；2—滑轴；3—滚轮；4—凸轮板

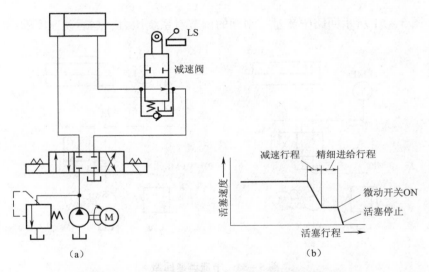

图 5 – 53   利用凸轮操作行程减速阀的减速回路

（a）回路；（b）特性

2．限速切断阀

在液压举升系统中，为防止意外情况发生时由于负载自重而超速下落，常设置一种当管路流量超过一定值时自动切断油路的安全保护阀。图 5 – 54 所示为一限速切断阀。图中锥阀上有固定节流孔，其数量及孔径由所需的流量确定。锥阀在弹簧作用下由挡圈限位，锥阀口开至最大。当流量增大，固定节流孔两端压差作用在锥阀上的力超过弹簧预调力时，锥阀开始向右移动。当流量超过一定值时，锥阀完全关闭，而使液流切断。反向作用时该阀无限流作用。

限速切断阀的典型应用是液压升降平台，用于防止液压缸油管破裂等意外情况发生时平台因自重急剧下降而引发事故。

3．比例式流量阀

前面所述的流量阀都需用手动调整的方式来作流量设定，而在需要经常调整流量或要作精密流量控制的液压系统中，就用到比例式流量阀。

比例式流量阀也是以在提动杆外装置的电磁线圈所产生的电磁力来控制流量阀的开口大小的。由于电磁线圈有良好的线性度，因此其产生的电磁力和电流的大小成正比，在应用时可产生连续变化的流量，从而可任意控制流量阀的开口大小。

比例式流量阀也有附单向阀的，各种比例式流量阀的图形符号如图 5 – 55 所示。

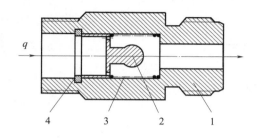

图 5 – 54　限速切断阀

1—阀体；2—锥阀；3—弹簧；4—挡圈

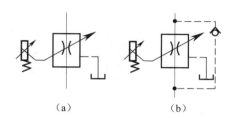

（a）　　　　　　（b）

图 5 – 55　比例式流量阀的图形符号

（a）未附单向阀；（b）附单向阀

习题与思考题

5 – 1　液压控制阀在系统中起什么作用？通常分为哪几大类？

5 – 2　单向阀有哪些功用？

5 – 3　什么是三位换向阀的"中位机能"？有哪些常用的中位机能？其特点和作用是什么？

5 – 4　溢流阀在液压系统中有何功用？

5 – 5　试比较溢流阀、减压阀、顺序阀的异同点。

5 – 6　顺序阀有什么用途？应用在什么情况？

5 – 7　节流阀为什么可改变流量？为什么调速阀能使执行元件的运动速度稳定？

5 – 8　图 5 – 56 所示为何种控制阀的原理？图中有何错误？请改正。并说明其工作原理和 1、2、3、4、5、6 各点应接何处，以及这种阀有何特点及应用场合。

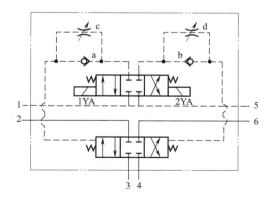

图 5 – 56　题 5 – 8 图

5－9 图5－57所示为变量泵－定量马达容积调速系统。当系统工作压力不变时,该回路是_____回路。

A. 恒扭矩调速   B. 恒功率调速

C. 恒压力调速   D. 恒功率和恒扭矩组合调速

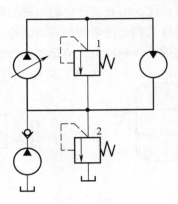

图5－57 题5－9图

5－10 如图5－58所示回路中,指出图中的溢流阀和减压阀,并分析其对回路的压力调节控制。

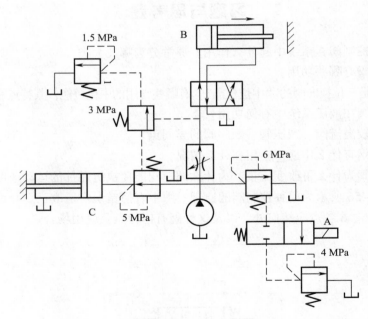

图5－58 题5－10图

5－11 如图5－59所示的液压系统,活塞及模具的重力分别为 $G_1 = 3\,000$ N, $G_2 = 5\,000$ N;活塞及活塞杆直径分别为 $D = 250$ mm, $d = 200$ mm;液压泵1和2的最大工作压力分别为 $p_1 = 7$ MPa, $p_2 = 32$ MPa。忽略各处的摩擦损失,试问:

(1) 阀a、b、c和d各是什么阀? 在系统中有何功用?

(2) 阀a、b、c和d的压力各应调整为多少?

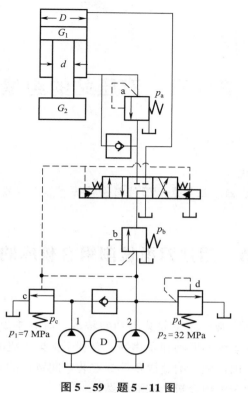

图 5 – 59 题 5 – 11 图

第六章　液压站的组建

任务导读

1. 油箱的功用和结构。
2. 认识过滤器、蓄能器、压力表、管件与管接头、热交换器、密封件。
3. 液压站的组建。

第一节　组建双面铣削组合机床的液压站

一、任务引入

液压站具有外观整齐美观、便于安装维护的特点，有利于电液信号的采集和监控。此外，液压站能够隔离液压系统的振动和发热等，有利于保证主机的精度，在金属加工机床及其自动线、塑料机械、矿山机械、冶金设备等或安装空间宽裕的机械设备的液压系统中广泛使用。那么如何组建双面铣削组合机床的液压站呢？

二、任务分析

液压站又称液压泵站，它是独立的液压系统装置，按执行机构（主机）要求提供液压油，并控制液压油流动的方向、压力和流量，将液压站与主机上的执行机构（液压缸和液压马达）用油管连接，实现液压机械各种规定的动作。如图6-1所示，液压站是由泵装置、集成块（或阀组合）、油箱、电气控制箱和各种液压辅助元件（如蓄能器、过滤器、油箱、热交换器、压力表、管件与管接头、密封件等）组合而成的。

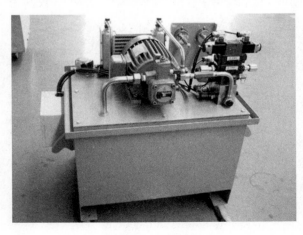

图6-1　液压站

三、基本知识

（一）基本分类

液压站的结构形式主要以泵装置的结构形式、安装位置及冷却方式来区分。

1. 按泵装置的结构形式、安装位置分

1）上置卧式

泵装置卧式安装在油箱盖板上，如图 6-1 所示，主要用于变量泵系统，以便于流量调节。

2）上置立式

泵装置立式安装在油箱盖板上，主要用于定量泵系统。

3）旁置式

泵装置卧式安装在油箱旁单独的基础上，旁置式可装备备用泵，主要用于油箱容量大于 250 L、电动机功率在 7.5 kW 以上的系统。

2. 按冷却方式分

1）自然冷却

靠油箱本身与空气热交换冷却，一般用于油箱容量小于 250 L 的系统。

2）强迫冷却

采取冷却器进行强制冷却，一般用于油箱容量大于 250 L 的系统。液压站以油箱的有效储油量及电动机功率为主要技术参数。油箱容量共有 18 种规格（单位：L）：25、40、63、100、160、250、400、630、800、1 000、1 250、1 600、2 000、2 500、3 200、4 000、5 000、6 000。

（二）组成部件

液压站是由泵装置、集成块（或阀组合）、油箱、电气控制箱组合而成的，各部件功用如下：

（1）泵装置上装有电动机和油泵，它是液压站的动力源，将机械能转化为液压油的动力能。

（2）集成块是由液压阀及通道体组合而成的，它对液压油进行方向、压力和流量调节。

（3）阀组合是板式阀装在立板上，板后用管连接，与集成块功能相同。

（4）油箱是钢板焊的半封闭容器，装有滤油网、空气滤清器等，用来储油，并进行油的冷却及过滤。

（5）电气控制箱主要实现一些控制功能，一般包含开关、继电器或 PLC 之类的元器件。

（三）元器件

1. 蓄能器

1）蓄能器的功能

蓄能器是液压系统中储存油液压力能的装置，它的主要功能如下：

（1）作辅助动力源。在一些实现周期性动作的液压系统中，当其动作循环的不同阶段所需的流量变化很大时，可采用蓄能器。当系统不需要大量油液时，把液压泵输出的多余压力油储蓄在蓄能器内；而当系统需要大量油液时，蓄能器可以快速释放所储蓄的油液，和液压泵一起向系统输油。这样就可以使系统选用流量等于循环周期内平均流量的较小液压泵，没有必要按最大流量泵来选择液压泵。

（2）保持恒压。在一些较长时间内需保压的液压系统中，为了节能，液压泵停止运转或进行卸荷。

（3）作紧急动力源。当驱动液压泵的电动机发生故障时，蓄能器可以作为应急动力源向系统供油。蓄能器可把储蓄的液压油供给系统，补偿泄漏，以维持系统的压力恒定。

（4）吸收液压冲击。在液压泵突然启停、液压阀突然开闭、液压缸突然运动或停止时，系统会产生液压冲击，把蓄能器装在发生液压冲击的地方，可有效地减小液压冲击的峰值。在液压泵出口处安装蓄能器，可吸收液压泵的压力脉动，从而提高系统的平稳性。

2）蓄能器的分类

蓄能器主要分为弹簧式蓄能器和充气式蓄能器两种。

（1）弹簧式蓄能器。利用弹簧的压缩与伸长来储蓄和释放压力能，具有结构简单、反应灵敏、容量小的特点。

（2）充气式蓄能器。利用气体的压缩与膨胀来储蓄和释放压力能，充气式蓄能器又分为活塞式、气囊式、隔膜式等几种。

3）蓄能器的安装

蓄能器按以下要求安装：

（1）气囊式蓄能器应垂直安装，油口向下，以保证气囊的正常收缩。

（2）蓄能器与管路之间应安装截止阀，以便充气检修；蓄能器与泵之间应安装单向阀，防止泵在停车或卸载时蓄能器的压力油倒流向泵。

（3）安装在管路上的蓄能器必须用支架固定。

（4）吸收冲击和脉动的蓄能器应尽可能地安装在振源附近。

2．过滤器

1）过滤器的功用

过滤器能滤去油中杂质，维护油液清洁，防止油液污染，保证系统正常工作。

2）过滤器的分类

按照滤芯材料的过滤机制，将过滤器分为表面型、深度型和吸附型三种。

（1）表面型过滤器。表面型过滤器的过滤功能是由一个几何面来实现的。滤芯材料具有均匀的标定小孔，可以滤除比小孔尺寸大的杂质。

（2）深度型过滤器。深度型过滤器的滤芯由多孔可透性材料制成，内部具有曲折迂回的通道。大于表面孔径的杂质积聚在外表面，而较小的杂质进入滤材的内部，撞到通道壁上被吸附。纸芯、毛毡、陶瓷和各种纤维制品等属于这一类型。

（3）吸附型过滤器。吸附型过滤器的滤芯材料将油液中的杂质吸附在其表面，例如磁芯可吸附油液中的铁屑。

3）过滤器的选用

过滤器应按下列要求选用：

（1）过滤精度应满足系统要求。过滤精度用滤去杂质颗粒的大小来衡量，滤去杂质颗粒越小，过滤精度越高。$d \geqslant 0.1$ mm 为粗滤器；0.01 mm $\leqslant d < 0.1$ mm 为普通滤器；0.005 mm $\leqslant d < 0.01$ mm 为精滤器；0.001 mm $\leqslant d < 0.005$ mm 为特精滤器。

（2）要有足够的通流能力。通流能力指在一定压力降下允许通过过滤器的最大流量，应结合过滤器在系统中的安装位置选取。

（3）要有一定的机械强度，不因液压力而破坏。

（4）要考虑一些特殊要求，如抗腐蚀性、抗磁性及不停机更换滤芯等。

（5）要清洗、更换方便。

4）过滤器的安装

过滤器一般安装在下列位置：

（1）安装在泵的吸油口，用于保护泵，可选择粗滤器，但要求有较大的通流能力，防止产生气穴现象。

（2）安装在泵的出口，需选择精滤器，以保护泵以外的元件，要求能承受油路上的工作压力和压力冲击。

（3）安装在系统的回油路上，滤去系统生成的污物，可采用滤芯强度低的过滤器。为防止过滤器阻塞，一般要并联安全阀或安装发信装置。

（4）安装在独立的过滤系统中，通过不断地循环来滤去油箱中的污物。

3．油箱

1）油箱的功用

油箱有下列几方面的功用：

（1）储存系统所需的足够油液。

（2）散发油液中的热量。

（3）分离油箱中的气体及沉淀物。

（4）为系统中元件的安装提供位置。

油箱中的油液必须符合液压系统的清洁度要求，因此，对油箱的设计、制造、使用和维护等方面提出了更高的要求。

2）油箱的结构

（1）总体式结构。

利用设备机体空腔作油箱，其结构紧凑，但散热性及散热条件不好，维修也不方便，且使主机易产生热变形。

（2）分离式结构。

油箱单独设置，与主机分开，维修保养方便，可减少油箱发热和液压振动对工作精度的影响，其应用广泛，如图 6 - 2 所示。

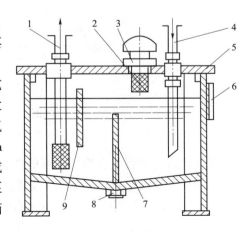

图 6 - 2　油箱结构

1—吸油管；2—加油滤网；3—空气过滤器；

4—回油管；5—顶盖；6—油面指示器；

7，9—隔板；8—放油塞

此外根据油液液面是否和大气相通，又有开式油箱和闭式油箱之分。开式油箱是指油液液面与大气相通，应用最广；闭式油箱是指油液液面与大气隔绝，其顶部有一充气管，送入 0.05 ~ 0.07 MPa 过滤纯净的压缩空气，空气或直接和油液接触，或输送到皮囊内对油液施压。其优点是改善了液压泵的吸收条件，但回油管、泄油管要承受背压。油箱必须配上安全阀、电接点压力表以稳定充气压力，因此只用于特殊场合。

3）油箱设计时应注意的问题

在设计油箱时应注意下列问题：

（1）箱壁在保证强度和刚度的情况下要尽量薄，以利于散热，通常油箱用2.5～5.0 mm钢板焊接而成，箱盖、箱底可适当加厚，箱底有适当的倾斜，并设有放油孔。

（2）吸油管和回油管的安装距离应尽量远些，并加隔板隔开，以利于冷却、沉淀杂质和释放气体。

（3）吸油管端应设有过滤器，过滤能力应为油泵流量的2倍。吸油、回油管距箱底要大于2倍内径，距箱壁要大于3倍内径，且与管端成45°坡口，面对箱壁。

（4）箱盖上设有加油孔、通气孔和安放温度计的孔。

（5）根据需要可在油箱的适当部位安装冷却器和加热器。

4．热交换器

系统能量损失转换为热量以后，会使油液温度升高。若长时间油温过高，会使油液黏度下降、泄漏增加、密封老化、油液氧化，严重影响系统的正常工作。为保证正常工作温度在20 ℃～65 ℃之间，需要在系统中安装冷却器。相反，油温过低，则会使油液黏度过大、设备启动困难、压力损失加大并引起过大的振动，此种情况下系统应安装加热器。

热交换器是冷却器和加热器的总称。

1）冷却器

冷却器按冷却介质可分为水冷式、风冷式及冷媒式三类，要求有足够的散热面积，且散热效率高、压力损失小。

图6－3所示为多管式冷却器的结构。水从管中流过，油从壳中流过，中间有隔板，在水管外部流动的油液行进路线因隔板的上下布置得迂回曲折，从而增强了热交换的效果。

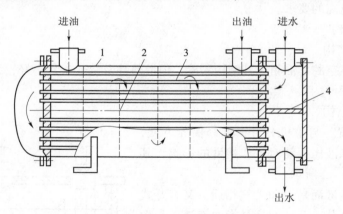

图6－3　多管式冷却器结构

1—外壳；2—挡板；3—钢管；4—隔板

翅片管式冷却器是在冷却水管的外表面上加了许多横向或纵向的散热翅片，大大地扩大了散热面积和增强了热交换效果。散热面积为光管的8～10倍，用椭圆管则更好。

翅片管式风冷却器结构紧凑，强度高，体积小，效果好。若采用风扇鼓风，效果会更好。

对于要求较高的装置，可采用冷媒式冷却器。它是利用冷媒介质在压缩机中绝热压缩后进入散热器放热、蒸发器吸热的原理，带走油中的热量而使油冷却。这种冷却器的冷却效果好，但价格昂贵。

冷却器一般安放在回油管和低压管路上。

2）加热器

可用热水或蒸汽加热，也可用电加热。电加热结构简单，使用方便，能按需要自动调节温度，因而得到广泛的应用。图6-4所示为电加热器的安放位置，电加热器用法兰盘固定在油箱壁上，发热部分全部浸在油液内，并安装在油液流动处，有利于热量的交换，同时单个加热器功率不能太大，一般不超过3 W/cm²，以免油液局部过度受热而变质。当油液没有完全包围加热器，或没有足够的油液进行循环时，加热器不能工作，为此在电路上应设置连锁保护装置。

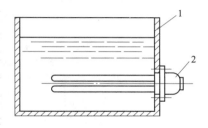

图6-4　电加热器的安放位置

1—油箱；2—电加热器

5．管路及管接头

管路及管接头是用来连接液压元件、输送液压油的连接件，因此应保证管件有足够的强度、能量损失小及良好的密封和装拆使用方便。

1）管路

液压系统中常用的油管有钢管、紫铜管、橡胶管、尼龙管、塑料管，应根据液压装置的工作条件和压力的大小来选择油管。各种油管的特点及适用场合如表6-1所示。

表6-1　各种油管的特点及适用场合

种类		特点及适用场合
硬管	钢管	耐油、耐高压、强度高、工作可靠，但装配时不便弯曲，常在装拆方便处作压力管道。中压以上用无缝管道，低压用焊接管道
	紫铜管	价格高，承受能力低（6.5～10 MPa），抗冲击和抗振能力差，易使油液氧化，但易弯曲成各种形状，常用在仪表和液压系统装配不便处
软管	橡胶管	用于相对运动元件间的连接，分高压和低压两种。高压油管由夹有几层钢丝编织网的耐油橡胶制成，价格高，用于压力管道；低压油管由耐油橡胶夹帆布制成，用于回油管
	尼龙管	乳白色透明，可观察流动情况，价格低，加热后可随意弯曲、扩口，冷却后定型，安装方便，承压能力因材料而异（2.5～8 MPa）
	塑料管	耐油、价格低、装配方便，但长期使用易老化，只适用于压力低于0.5 MPa的回油管和泄油管

2）管接头

管接头是油管与液压元件、油管与油管之间可拆卸的连接件，应满足强度高、装拆方便、连接牢固、密封性好、外形尺寸小、压力损失小以及工艺性好的要求。其种类很多，液压系统中常用的有卡套式管接头、扩口式管接头、焊接式管接头、快速管接头和橡胶软管接头，分别如图6-5～图6-10所示。

6．密封件

在液压传动系统及其元件中，安置密封装置和密封元件的目的是防止工作介质泄漏及外界尘埃和异物侵入。设置于密封装置中起密封作用的元件称为密封件。

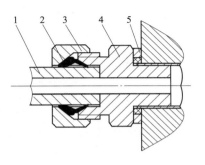

图6-5　卡套式管接头

1—接管；2—卡套；3—螺母；

4—接头体；5—卡套式管接头

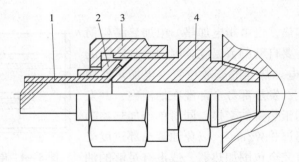

图 6 - 6　扩口式管接头

1—接管；2—卡套；3—螺母；4—接头体

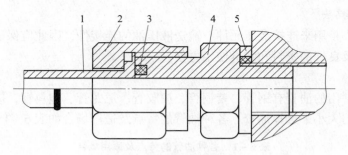

图 6 - 7　焊接式管接头

1—接管；2—螺母；3—O 形密封圈；4—接头体；5—组合密封圈

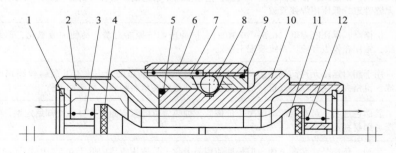

图 6 - 8　快速管接头

1—挡圈；2，10—接头体；3，7，12—弹簧；4—密封垫；
5—O 形密封圈；6—外套；8—钢球；9—弹簧圈；11—单向阀阀芯

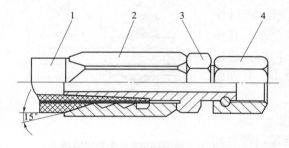

图 6 - 9　可拆式橡胶软管接头

1—胶管；2—外套；3—接头体；4—接头螺母

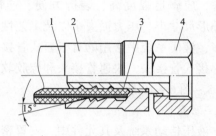

图 6 - 10　扣压式橡胶软管接头

1—胶管；2—外套；3—接头体；4—接头螺母

液压传动的工作介质，在系统及元件的容腔内流动或暂存时，由于压力、间隙、黏度等因素的变化，导致少量工作介质越过容腔边界由高压腔向低压腔或外界流出，这种"越界流出"现象称为泄漏。泄漏分为内泄漏和外泄漏两类。内泄漏指在系统或元件内部工作介质由高压腔向低压腔的泄漏；外泄漏则是由系统或元件内部向外界的泄漏。

对于液压传动系统，内泄漏会引起系统容积效率的急剧下降，达不到所需的工作压力，使设备无法正常运作；外泄漏则会造成工作介质浪费和污染环境，甚至引发设备操作失灵和人身安全事故。

因此，正确合理地使用密封件是液压传动系统正常运转的重要保证。

7．其他辅件

（1）压力表用于显示液压站的工作压力，以利于操作人员控制油压。

（2）空气过滤器安装在油箱上，有三重作用，一是防止空气中的污染物质进入油箱；二是起换气作用，避免油泵出现吸空现象；三是兼作液压油补充口。

（3）油位计安装在油箱侧面，用于显示液压油的液位。

（4）有的油箱上装有温度表，用来显示液压油的温度。

四、任务实训

（1）在液压实验室里完成液压站的组建工作，分析说明每一种液压辅助元件在液压站中的作用。

（2）在双面铣削组合机床液压站的组建过程中，根据机床液压系统的压力不高、流量不大、运动平稳的特点选择叶片泵作为动力元件，同时可以采用顶置于油箱上的安装方式，以减少占用空间。控制元件采用集成块或叠加式元件放置在油箱上，通过油管与执行元件连接。过滤器安装在油泵的吸油口，并置于油箱内，通过将油箱、泵装置、阀的集成体和部分辅助元件有机地结合在一起，组建双面铣削组合机床的液压站。

五、技能点

（1）液压辅助元件的选用。

（2）液压站结构形式的选择。

六、知识拓展

液压管件的选择

管件是用来连接液压元件、输送液压油液的连接件。它应保证有足够的强度，没有泄漏，密封性能好，压力损失小，拆装方便。液压系统油管的选择与计算主要是计算管子的内径和壁厚。

1．油管的内径

油管的内径 d 可根据管中的流量和允许的流速来确定，其表达式为

$$d = \sqrt{\frac{4q}{\pi v}} \qquad\qquad (6-1)$$

式中　q——通过油管的流量，$\mathrm{m^3/s}$；

v——管内油液允许的流速，m/s，具体数值可查手册。

2. 油管的壁厚

油管的壁厚 δ 按受拉伸薄壁金属圆管的公式计算，即

$$\delta = \sqrt{\frac{pd}{2\,[\sigma]}} \tag{6-2}$$

式中　　p——油液在管内的最高压力，Pa；

　　　　$[\sigma]$——管材的许用拉应力，Pa。

$$[\sigma] = \sigma_b / n$$

式中　　σ_b——管材抗拉强度；

　　　　n——安全系数，对于钢管，当 $p < 7.5 \times 10^6$ Pa 时，取 $n = 8$；当 7.5×10^6 Pa $\leqslant p \leqslant$ 17.5×10^6 Pa 时，取 $n = 6$；当 $p > 17.5 \times 10^6$ Pa 时，取 $n = 4$。

对于铜管，取 $[\sigma] \leqslant 25 \times 10^6$ Pa。

习题与思考题

6-1　蓄能器的类型有哪几种？有哪些功用？

6-2　过滤器有哪几种类型？一般应安装在哪些位置？

6-3　试述油箱的功用及油箱设计时应注意的问题。

6-4　试述油管的类型及应用。

第七章　机械设备液压回路

任务导读

1. 压力控制回路。
2. 速度控制回路。
3. 方向控制回路。
4. 多缸动作控制回路、锁紧回路、同步回路等其他基本回路。
5. 机械设备液压回路。

第一节　认识压力机及液压基本回路

一、任务引入

四柱液压机如图7-1所示，它是一种利用油泵输送液压油的静压力来加工金属、塑料、橡胶、木材、粉末等制品的机械设备。它常用于压制工艺和压制成形工艺，如锻压、冲压、冷挤、校直、弯曲、翻边、薄板拉深、粉末冶金、压装等。它按传递压力的液体种类来分，有油压机和水压机两大类。四柱液压机由主机及控制机构两大部分组成。液压机主机部分包括液压缸、横梁、立柱及充液装置等，控制机构由油箱、高压泵、控制系统、电动机、压力阀、方向阀等组成。

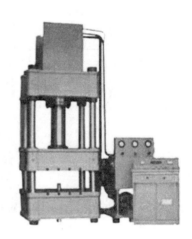

图7-1　四柱液压机

二、任务分析

机器具有独立的动力机构和电气系统，采用按钮集中控制，可实现调整、手动及半自动三种工作方式。机器的工作压力、压制速度及空载快下行与减速的行程和范围，均可根据工艺需要进行调整。其系统回路中有快速回路、保压回路、互锁回路、卸压回路等，需先认识基本回路再分析其机械设备系统回路。

三、基本知识

液压系统都是由一些基本回路构成的。所谓基本回路，就是由有关的液压元件组成，用于完成特定功能的典型回路。按液压基本回路的功能，可分为压力控制回路、速度控制回路、方向控制回路和多缸动作控制回路等。

（一）压力控制回路

压力控制回路是利用压力控制阀来控制系统中油液的压力，以满足执行元件对力或转矩的要求。这类回路包括调压、减压、增压、卸荷、保压和平衡等多种回路。

1. 调压回路

调压回路的功用是使液压系统整体或某一部分的压力保持恒定或不超过某个数值。

（1）单级调压回路，如图7-2（a）所示。在泵1的出口处设置并联的溢流阀2来控制系统的最高压力。

（2）多级调压回路，如图7-2（b）所示。先导式溢流阀3的远控口串接二位二通换向阀4和远程调压阀5。当两个压力阀的调定压力符合 $p_3 < p_1$ 时，液压系统可通过换向阀4的左位和右位得到 p_1 和 p_3 两种压力。在溢流阀的遥控口处通过多位换向阀的不同通口并联多个调压阀，即可构成多级调压回路。

（3）无级调压回路，如图7-2（c）所示。可通过改变比例溢流阀6的输入电流来实现无级调压，这样可使压力切换平稳，而且容易使系统实现远距离控制或程序控制。

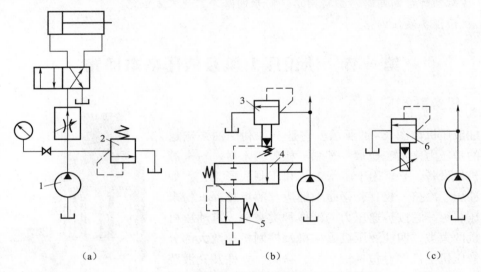

（a）　　　　　　　　　　（b）　　　　　　　　　　（c）

图7-2　调压回路

（a）单级调压回路；（b）多级调压回路；（c）无级调压回路

1—泵；2—溢流阀；3—先导式溢流阀；4—换向阀；5—远程调压阀；6—比例溢流阀

2. 减压回路

减压回路的功用是使系统中的某一部分油路具有较低的稳定压力，如图7-3所示。回路中的单向阀3供主油路压力降低（低于减压阀2的调整压力）时防止油液倒流，起短时保压作用；也可采用类似两级或多级调压的方法获得两级或多级减压；还可采用比例减压阀来实现无级减压。

为了使减压回路工作可靠，减压阀的最低调整压力不应小于0.5 MPa，最高调整压力至少比系统压力小0.5 MPa。当减压回路中的执行元件需要调速时，调速元件应放在减压阀的下游，以避免减压阀泄漏（指由减压阀泄油口流回油箱的油液）对执行元件的

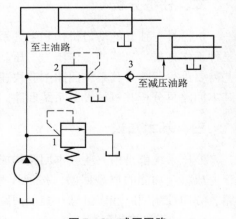

至主油路

至减压油路

图7-3　减压回路

1—溢流阀；2—定值输出减压阀；3—单向阀

速度产生影响。

3．增压回路

增压回路用以提高系统中局部油路中的压力，它能使局部压力远远高于油源的压力。采用增压回路比选用高压大流量泵要经济得多。

（1）单作用式增压回路，如图 7 − 4（a）所示。当系统处于图示位置时，压力为 p_1 的油液进入增压器的大活塞腔，此时在小活塞腔即可得到压力为 p_2 的高压油液，增压的倍数等于增压器大、小活塞的工作面积之比。当二位四通电磁换向阀右位接入系统时，增压器的活塞返回，补油箱中的油液经单向阀补入小活塞腔，这种回路只能间断增压。

（2）双作用式增压回路，如图 7 − 4（b）所示。在图示位置，泵输出的压力油经换向阀 5 和单向阀 1 进入增压器左端大、小活塞腔，右端大活塞腔的回油通油箱，小活塞腔增压后的高压油经单向阀 4 输出，此时单向阀 2、3 被关闭；当活塞移到右端时，换向阀得电换向，活塞向左移动，左端小活塞腔输出的高压油经单向阀 3 输出。这样，增压缸的活塞不断往复运动，两端便交替输出高压油，实现了连续增压。

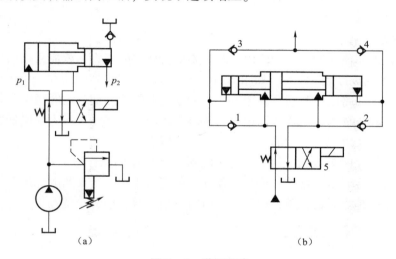

图 7 − 4　增压回路

（a）单作用式增压回路；（b）双作用式增压回路

1，2，3，4—单向阀；5—换向阀

4．卸荷回路

卸荷回路的功用是在液压泵的驱动电动机不频繁启闭，且使液压泵在接近零压的情况下运转，以减少功率损失和系统发热，延长泵和电动机的使用寿命。

（1）用换向阀的卸荷回路，如图 7 − 5 所示。在图 7 − 5（a）中利用二位二通换向阀使泵卸荷。在图 7 − 5（b）中的 M（或 H、K）型换向阀处于中位时，可使泵卸荷，但切换压力冲击大，适用于低压小流量的系统。对于高压大流量系统，可采用 M（或 H、K）型电液换向阀对泵进行卸荷，如图 7 − 5（c）所示。由于这种换向阀装有换向时间调节器，所以切换时压力冲击小，但必须在换向阀前面设置单向阀（或在换向阀回油口设置背压阀），以使系统保持 0.2 ~ 0.3 MPa 的压力，供控制油路用。

（2）用先导式溢流阀的卸荷回路。在图 7 − 6（a）中，使先导式溢流阀的遥控口直接与二位二通换向阀相连，便构成一种由先导式溢流阀卸荷的回路。这种回路的卸荷压力小，切

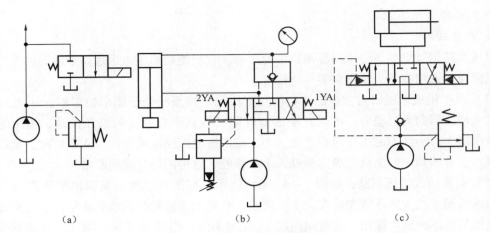

图 7-5 用换向阀的卸荷回路

换时冲击也小；二位二通阀只需通过很小的流量，规格尺寸可选得小些，所以这种卸荷方式适合大流量的系统。

5. 保压回路

执行元件在工作循环的某一阶段内，若需要保持规定的压力，就应采用保压回路。

（1）采用蓄能器的保压回路，如图 7-6（a）所示。当主换向阀在左位工作时，液压缸推进压紧工件，进油路压力升高至调定值，压力继电器发信号使二通阀通电，泵即卸荷，单向阀自动关闭，液压缸则由蓄能器保压。当蓄能器的压力不足时，压力继电器复位使泵重新工作。保压时间的长短取决于蓄能器的容量，调节压力继电器的通断区间即可调节缸中压力的最大值和最小值。图 7-6（b）所示为多缸系统的保压回路，进给缸快进时，泵压下降，但单向阀 3 关闭，将夹紧油路和进给油路隔开。蓄能器 4 用来给夹紧缸保压并补充泄漏，压力继电器 5 的作用是当夹紧缸压力达到预定值时发出信号，使进给缸动作。

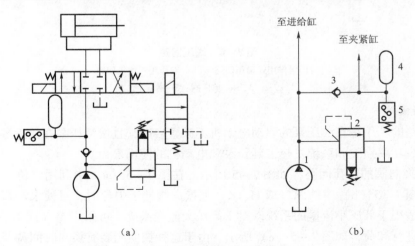

图 7-6 用蓄能器的保压回路

1—泵；2—先导式溢流阀；3—单向阀；4—蓄能器；5—压力继电器

（2）采用泵的保压回路，如图 7-7 所示。当系统压力较低时，低压大泵 1 和高压小泵 2 同时向系统供油，当系统压力升高到卸荷阀 4 的调定压力时，泵 1 卸荷。此时高压小泵 2

使系统压力保持为溢流阀 3 的调定值，泵 2 的流量只需略高于系统的泄漏量，以减少系统发热。

6. 平衡回路

为了防止立式液压缸及其工作部件因自重而自行下落，或在下行运动中由于自重而造成失控、失速的不稳定运动，应设置平衡回路。图 7 - 8 所示为用液控单向阀 1、单向节流阀 2 限速锁紧的平衡回路。

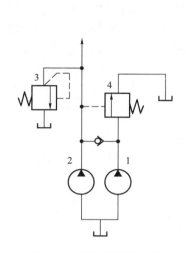

图 7 - 7 用泵保压的回路

1—低压大泵；2—高压小泵；3—溢流阀；4—卸荷阀

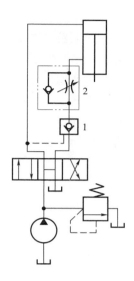

图 7 - 8 平衡回路

1—液控单向阀；2—单向节流阀

（二）速度控制回路

速度控制回路包括调速回路、快速运动回路和速度换接回路。

1. 调速回路

调速的目的是满足液压执行元件对工作速度的要求，在不考虑液压油的压缩性和泄漏的情况下，液压缸的运动速度为

$$v = \frac{q}{A} \tag{7-1}$$

液压马达的转速为

$$n = \frac{q}{V_M} \tag{7-2}$$

式中 q——输入液压执行元件的流量；

      A——液压缸的有效面积；

      V_M——液压马达的排量。

由以上两式可知，改变输入液压执行元件的流量 q 或改变液压缸的有效面积 A（或液压马达的排量 V_M）均可以达到改变速度的目的。但改变液压缸工作面积的方法在实际中是不现实的，因此，只能用改变进入液压执行元件的流量或改变液压马达排量的方法来调速。为了改变进入液压执行元件的流量，可采用变量液压泵来供油，也可采用定量泵和流量控制阀，以改变通过流量阀的流量。用定量泵和流量阀来调速时，称为节流调速；用改变变量泵

或变量液压马达的排量调速时，称为容积调速；用变量泵和流量阀来调速时，则称为容积节流调速。

1）节流调速回路

节流调速回路的工作原理是通过改变回路中流量控制元件（节流阀和调速阀）通流截面积的大小来控制流入执行元件或自执行元件流出的流量，以调节其运动速度。根据流量阀在回路中的位置不同，分为进油节流调速、回油节流调速和旁路节流调速三种回路。

（1）进油节流调速回路。

进油节流调速回路如图7-9（a）所示，节流阀串联在液压泵和液压缸之间。液压泵输出的油液一部分经节流阀进入液压缸工作腔，推动活塞运动，液压泵多余的油液经溢流阀排回油箱，这是这种调速回路能够正常工作的必要条件。由于溢流阀有溢流，故泵的出口压力 p_p 就是溢流阀的调整压力并基本保持恒定（定压）。调节节流阀的通流面积，即可调节通过节流阀的流量，从而调节液压缸的运动速度。

缸在稳定工作时，其受力平衡方程式为

$$p_1 A_1 = F + p_2 A_2$$

式中　p_1，p_2——液压缸进油腔和回油腔的压力，由于回油腔通油箱，故 $p_2 \approx 0$；

　　　　F——液压缸的负载；

　　　　A_1，A_2——液压缸无杆腔和有杆腔的有效面积。

所以

$$p_1 = \frac{F}{A_1}$$

因为液压泵的供油压力 p_p 为定值，故节流阀两端的压力差为

$$\Delta p = p_p - p_1 = p_p - \frac{F}{A_1}$$

经节流阀进入液压缸的流量可由节流孔的流量特性方程式决定，即

$$q_1 = CA_T \Delta p^m = CA_T \left(p_p - \frac{F}{A_1} \right)^m$$

故液压缸的运动速度为

$$v = \frac{q_1}{A_1} = \frac{CA_T}{A_1} \left(p_p - \frac{F}{A_1} \right)^m \qquad (7-3)$$

式（7-3）为进油节流调速回路的负载特性方程，由该式可知，液压缸的运动速度 v 和节流阀通流面积 A_T 成正比。调节 A_T 可实现无级调速，这种回路的调速范围较大（速比最高可达100）。当 A_T 调定后，速度随负载的增大而减小，故这种调速回路的速度负载特性较"软"。

若按式（7-3）选用不同的 A_T 值作 $v-F$ 坐标曲线图，可得一组曲线，即该回路的速度-负载特性曲线，如图7-9（b）所示。速度-负载特性曲线表明液压缸运动速度随负载变化的规律，曲线越陡，说明负载变化对速度的影响较大，即速度刚性差。由式（7-3）和图7-9（b）还可看出，当节流阀通流面积 A_T 一定时，重载区域比轻载区域的速度刚性差；在相同负载条件下，节流阀通流面积大的比小的速度刚性差，即速度高时速度刚性差。

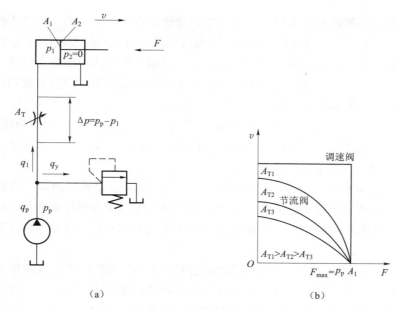

（a）　　　　　　　　　　　（b）

图7-9　进油节流调速回路

这种调速回路的功率损失由两部分组成，即溢流损失功率和节流损失功率，由于存在两部分的功率损失，故这种调速回路的效率较低。当负载恒定或变化很小时，η 可达 $0.2 \sim 0.6$；当负载变化时，回路的效率 $\eta_{\max} = 0.385$。机械加工设备常有"快进→工进→快退"的工作循环，工进时泵的大部分流量溢流，所以回路效率极低，而低效率导致温升和泄漏增加，进一步影响了速度稳定性和效率。回路功率越大，问题越严重，所以这种调速回路适用于低速轻载的场合。

（2）回油节流调速回路。

回油节流调速回路如图7-10所示，其中节流阀串联在液压缸的回油路上，借助于节流阀控制液压缸的排油量 q_2 来实现速度调节。由于进入液压缸的流量 q_1 受到回油路上排出流量 q_2 的限制，因此用节流阀来调节液压缸的排油量 q_2 也就调节了进油量 q_1，定量泵多余的油液仍经溢流阀流回油箱，溢流阀调整压力（p_p）基本稳定（定压）。

类似于式（7-3）的推导过程，由液压缸的力平衡方程（$p_2 \neq 0$）、流量阀的流量方程（$\Delta p = p_2$），进而可得液压缸的速度负载特性为

$$v = \frac{q_2}{A_2} = \frac{CA_T \left(p_p \dfrac{A_1}{A_2} - \dfrac{F}{A_2} \right)^m}{A_2} \qquad (7-4)$$

式中　A_1，A_2——液压缸无杆腔和有杆腔的有效面积；

　　　F——液压缸的负载；

　　　p_p——溢流阀调定压力；

　　　A_T——节流阀通流面积。

比较式（7-3）和式（7-4）可以发现，回油路

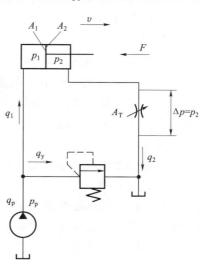

图7-10　回油节流调速回路

节流调速和进油路节流调速的速度 – 负载特性以及速度刚性基本相同。若液压缸两腔有效面积相同（双出杆液压缸），则两种节流调速回路的速度 – 负载特性和速度刚度就完全一样。

由以上分析可知，当流量阀为节流阀时，进、回油节流调速回路用于低速、轻载，且负载变化较小的液压系统中，能使执行元件获得较平稳的运动速度。进油节流调速回路与回油节流调速回路有许多相同之处，但是，它们也有以下不同之处：

① 承受负值负载的能力。回油节流调速回路的节流阀使液压缸回油腔形成一定的背压，在负值负载时，背压能阻止工作部件的前冲，即能在负值负载下工作，而进油节流调速由于回油腔没有背压力，因而不能在负值负载下工作。

② 停车后的启动性能。长期停车后液压缸油腔内的油液会流回油箱，当液压泵重新向液压缸供油时，在回油节流调速回路中，由于进油路上没有节流阀控制流量，故会使活塞前冲；而在进油节流调速回路中，由于进油路上有节流阀控制流量，故活塞前冲很小，甚至没有前冲。

③ 实现压力控制的方便性。进油节流调速回路中，进油腔的压力将随负载而变化，当工作部件碰到止挡块而停止后，其压力将升到溢流阀的调定压力，利用这一压力变化来实现压力控制是很方便的；但在回油节流调速回路中，只有回油腔的压力才会随负载而变化，当工作部件碰到止挡块后，其压力将降至零，虽然也可以利用这一压力变化来实现压力控制，但其可靠性差，故一般不采用。

④ 发热及泄漏的影响。在进油节流调速回路中，经过节流阀发热后的液压油将直接进入液压缸的进油腔；而在回油节流调速回路中，经过节流阀发热后的液压油将直接流回油箱冷却。因此，发热和泄漏对进油节流调速的影响均大于对回油节流调速的影响。

⑤ 运动平稳性。在回油节流调速回路中，由于有背压力存在，可以起到阻尼的作用，同时空气也不易渗入，而在进油节流调速回路中则没有背压力存在，因此，可以认为回油节流调速回路的运动平稳性好一些；但是，从另一个方面讲，在使用单出杆液压缸的场合，无杆腔的进油量大于有杆腔的回油量，故在缸径、缸速均相同的情况下，进油节流调速回路的节流阀通流面积较大，低速时不易堵塞。因此，进油节流调速回路能获得更低的稳定速度。

为了提高回路的综合性能，一般常采用进油节流调速，并在回油路上加背压阀的回路，使其兼具两者的优点。

（3）旁路节流调速回路。

① 采用节流阀的旁路节流调速回路。图 7 – 11（a）所示为采用节流阀的旁路节流调速回路，节流阀调节了液压泵溢回油箱的流量，从而控制了进入液压缸的流量。调节节流阀的通流面积，即可实现调速，由于溢流已由节流阀承担，故溢流阀实际上是安全阀（常态时关闭，过载时打开），其调定压力为最大工作压力的 1.1 ~ 1.2 倍。由于液压泵工作过程中的压力完全取决于负载且不恒定，所以这种调速方式又称变压式节流调速。

按照式（7 – 3）的推导过程，可得到旁路节流调速的速度 – 负载特性方程。与前述不同之处在于进入液压缸的流量 q_1 为泵的流量 q_p 与节流阀溢走的流量 q 之差，由于在回路中泵的工作压力随负载而变化，泄漏正比于压力也是变量（前两回路中为常量），对速度产生了附加影响，因而泵的流量中要计入泵的泄漏流量 Δq_p，即有

$$q_1 = q_p - q = （q_t - \Delta q_p） - CA_T\Delta p^m = q_t - k_1\left(\frac{F}{A_1}\right) - CA_T\left(\frac{F}{A_1}\right)^m$$

式中　　q_t——泵的理论流量；

　　　　k_1——泵的泄漏系数；

其他符号意义同前。

所以液压缸的速度负载特性为

$$v = \frac{q_1}{A_1} = \frac{q_t - k_1\left(\dfrac{F}{A_1}\right) - CA_T\left(\dfrac{F}{A_1}\right)^m}{A_1} \tag{7-5}$$

根据式（7-5），选取不同的 A_T 值可作出一组速度 - 负载特性曲线，如图 7-11（b）所示。由曲线可见，当节流阀通流面积一定而负载增加时，速度显著下降，即特性很软，但当节流阀通流面积一定时，负载越大，速度刚度越大；当负载一定时，节流阀通流面积 A_T 越小（即活塞运动速度高），速度刚度越大，因而该回路适用于高速、重载的场合。

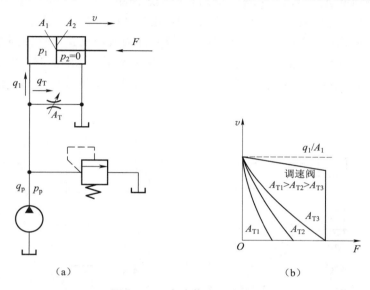

图 7-11　旁路节流调速回路

旁路节流调速回路只有节流损失而无溢流损失，泵的输出压力随负载而变化，即节流损失和输入功率随负载而变化，所以旁路节流调速回路比前两种调速回路效率高。

这种旁路节流调速回路负载特性软，低速承载能力差，故其应用比前两种回路少，只用于高速、重载，且对速度平稳性要求不高的较大功率系统中，如牛头刨床主运动系统、输送机械液压系统等。

② 采用调速阀的节流调速回路。使用节流阀的节流调速回路，速度 - 负载特性都比较"软"，变载荷下的运动平稳性都比较差，为了克服这个缺点，回路中的节流阀可用调速阀来代替。由于调速阀本身能在负载变化的条件下保证节流阀进、出油口间的压差基本不变，因而使用调速阀后，节流调速回路的速度 - 负载特性将得到改善，如图 7-11（b）所示。旁路节流调速回路的承载能力亦不因活塞速度降低而减小，但所有性能上的改进都是以加大整个流量控制阀的工作压差为代价的。调速阀的工作压差一般最小需 0.5 MPa，高压调速阀则需 1.0 MPa 左右。

2）容积调速回路

容积调速回路是通过改变泵或马达的排量来实现调速的。其主要优点是没有节流损失和溢流损失，因而效率高、油液温升小，适用于高速、大功率的调速系统；缺点是变量泵和变量马达的结构较复杂，成本较高。

根据油路的循环方式，容积调速回路可以分为开式回路和闭式回路。在开式回路中液压泵从油箱吸油，液压执行元件的回油直接回油箱，这种回路结构简单，油液在油箱中能得到充分冷却，但油箱体积较大，空气和脏物易进入回路。在闭式回路中，执行元件的回油直接与泵的吸油腔相连，结构紧凑，只需很小的补油箱，空气和脏物不易进入回路，但油液的冷却条件差，需附设辅助泵补油、冷却和换油。补油泵的流量一般为主泵流量的 10% ~ 15%，压力通常为 0.3 ~ 1.0 MPa。

容积调速回路通常有变量泵和定量液压执行元件组成的容积调速回路、定量泵和变量马达组成的容积调速回路、变量泵和变量马达组成的容积调速回路三种基本形式。

（1）变量泵和定量液压执行元件组成的容积调速回路。

图 7 – 12 所示为变量泵和定量液压执行元件组成的容积调速回路，其中图 7 – 12（a）中的执行元件为液压缸，图 7 – 12（b）中的执行元件为液压马达，该回路是闭式回路，溢流阀 7 起安全作用，用以防止系统过载。为了补充泵和液压马达的泄漏，增加了补油泵 5 和溢流阀 6，溢流阀 6 用来调节补油泵 5 的补油压力，同时置换部分已发热的油液，以降低系统的温升。

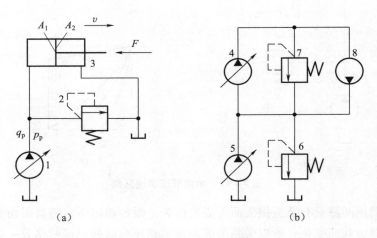

图 7 – 12　变量泵和定量液压执行元件组成的容积调速回路

1，4—变量泵；2—安全阀；3—液压缸；5—补油泵；6，7—溢流阀；8—液压马达

在图 7 – 12（a）中，改变变量泵的排量即可调节活塞的运动速度 v，安全阀 2 的作用是限制回路中的最大压力。若不考虑液压泵以外的元件和管道的泄漏，这种回路的活塞运动速度为

$$v = \frac{q_p}{A_1} = \frac{q_t - k_l \dfrac{F}{A_1}}{A_1} \tag{7-6}$$

式中　q_t——变量泵的理论流量；

　　　k_l——变量泵的泄漏系数；

其余符号意义同前。

将式（7-6）按不同的 q_t 值作图，可得一组平行直线，如图 7-13（a）所示。由于变量泵有泄漏，故活塞运动速度会随负载的加大而减小。当负载增大至某值时，在低速下会出现活塞停止运动的现象（见图 7-13（a）中 F' 点），这时变量泵的理论流量等于泄漏量，可见这种回路在低速下的承载能力是很差的。

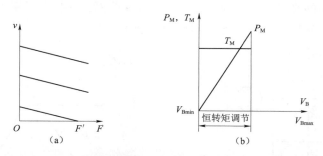

图 7-13　变量泵和定量液压执行元件组成的容积调速回路特性

在图 7-13（b）所示的变量泵和定量液压马达组成的调速回路中，若不计损失，马达的转速 $n_M = q_p/V_M$。因液压马达排量为定值，故调节变量泵的流量 q_p 即可对马达的转速 n_M 进行调节。同样当负载转矩恒定时，马达的输出转矩 T（$T = \Delta p_M V_M/2\pi$）和回路工作压力 p 都恒定不变，所以马达的输出功率 P（$P = \Delta p_M V_M n_M$）与转速 n_M 成正比关系变化，故本回路的调速方式又称为恒转矩调速，回路的调速特性如图 7-13（b）所示。

（2）定量泵和变量马达组成的容积调速回路。

图 7-14（a）所示为定量泵和变量马达组成的容积调速回路，定量泵 1 输出的流量不变，改变变量马达的排量 V_M 就可以改变液压马达的转速。2 是安全阀，3 是变量马达，4 是用以向系统补油的辅助泵，5 为调节补油压力的溢流阀。在这种调速回路中，由于液压泵的转速和排量均为常数，当负载功率恒定时，马达输出功率 P_M 和回路工作压力 p 都恒定不变，因为马达的输出转矩（$T_M = \Delta p_M V_M/2\pi$）与马达的排量 V_M 成正比，而马达的转速（$n_M = q_p/V_M$）与 V_M 成反比，所以这种回路称为恒功率调速回路，其调速特性如图 7-14（b）所示。

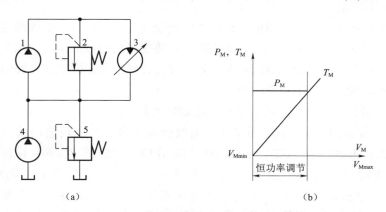

图 7-14　定量泵和变量马达组成的容积调速回路

1—定量泵；2—安全阀；3—变量马达；4—辅助泵；5—溢流阀

这种回路调速范围很小，且不能使马达实现平稳的反向。由于输出转矩经历转速变高→输出转矩太小而不能带动负载转矩，调节很不方便，所以这种回路目前已很少单独使用。

（3）变量泵和变量马达组成的容积调速回路。

图 7-15（a）所示为采用双向变量泵和双向变量马达组成的容积调速回路。变量泵 1 正向或反向供油，马达即正向或反向旋转。单向阀 4 和 5 用于使辅助泵 3 能双向补油，单向阀 6 和 7 使安全阀 8 在两个方向都能起过载保护作用。这种调速回路是上述两种调速回路的组合，由于泵和马达的排量均可改变，故扩大了调速范围，并扩大了液压马达转矩和功率输出的选择余地，其调速特性曲线如图 7-15（b）所示。

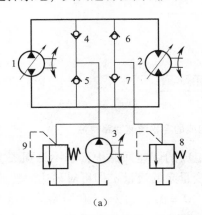
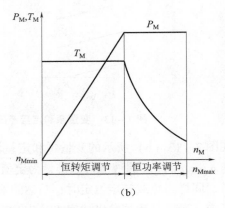

（a） （b）

图 7-15 双向变量泵和双向变量马达组成的容积调速回路

1—变量泵；2—变量马达；3—辅助泵；4，5，6，7—单向阀；8—安全阀；9—溢流阀

一般工作部件都在低速时要求有较大的转矩，因此，这种系统在低速范围内调速时，先将液压马达的排量调为最大（使马达能获得最大输出转矩），然后改变泵的输油量。当变量泵的排量由小变大，直至达到最大输油量时，液压马达转速亦随之升高，输出功率随之线性增加，此时液压马达处于恒转矩状态。若要进一步加大液压马达转速，则可将变量马达的排量由大调小，此时输出转矩随之降低，而泵则处于最大功率输出状态不变，故液压马达亦处于恒功率输出状态。

3）容积节流调速回路

容积节流调速回路的原理是采用压力补偿型变量泵供油，用流量控制阀调定进入液压缸或由液压缸流出的流量来调节液压缸的运动速度，并使变量泵的输油量自动地与液压缸所需的流量相适应，这种调速回路没有溢流损失，效率较高，速度稳定性也比单纯的容积调速回路好，常用在速度范围大、中小功率的场合。

（1）限压式变量泵和调速阀组成的容积节流调速回路。

图 7-16（a）所示为由限压式变量泵和调速阀组成的容积节流调速回路，该系统由限压式变量泵 1 供油，压力油经调速阀 3 进入液压缸工作腔，回油经背压阀 4 返回油箱，液压缸运动速度由调速阀中节流阀的通流面积 A_T 来控制。设泵的流量为 q_p，则稳态工作时 $q_p = q_1$。但在关小调速阀的一瞬间，q_1 减小，而此时液压泵的输油量还未来得及改变，于是出现了 $q_p > q_1$，因回路中没有溢流（阀 2 为安全阀），多余的油液使泵和调速阀间的油路压力升高，也就是泵的出口压力升高，从而使限压式变量泵输出流量减小，直至 $q_p = q_1$；反之，开大调速阀的瞬间将出现 $q_p < q_1$，从而使限压式变量泵出口压力降低，输出流量自动增大，直至 $q_p = q_1$。由此可见，调速阀不仅能保证进入液压缸的流量稳定，而且可以使泵的供

油流量自动地和液压缸所需的流量相适应，因而也可使泵的供油压力基本恒定（该调速回路也称定压式容积节流调速回路）。这种回路中的调速阀也可装在回油路上，它的承载能力、运动平稳性、速度刚性等与对应的节流调速回路相同。图 7 – 16（b）所示为调速回路的调速特性，由图可见，这种回路虽无溢流损失，但仍有节流损失，其大小与液压缸工作腔的压力 p_1 有关。

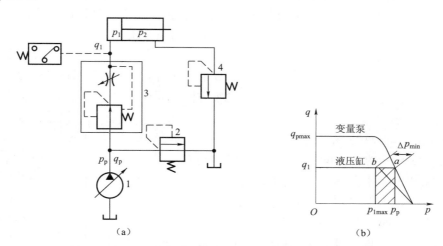

图 7 – 16　限压式变量泵和调速阀组成的容积节流调速回路
1—变量泵；2—安全阀；3—调速阀；4—背压阀

（2）差压式变量泵和节流阀组成的容积节流调速回路。

图 7 – 17 所示为差压式变量泵和节流阀组成的容积节流调速回路，该回路的工作原理与上述回路基本相似。节流阀控制进入液压缸的流量 q_1，并使变量泵输出流量 q_p 自动和 q_1 相适应。当 $q_p > q_1$ 时，泵的供油压力上升，泵内左、右两个控制柱塞便进一步压缩弹簧，推动定子向右移动，减小泵的偏心距，使泵的供油量下降到 $q_p = q_1$；反之，当 $q_p < q_1$ 时，泵的供油压力下降，弹簧推动定子和左、右柱塞向左移动，加大泵的偏心距，使泵的供油量增大到 $q_p \approx q_1$。

在这种调速回路中，作用在液压泵定子上的力的平衡方程式为

$$p_p A_1 + p_p (A - A_1) = p_1 A + F_s$$

即

$$p_p - p_1 = \frac{F_s}{A} \qquad (7-7)$$

式中　A，A_1——控制缸无柱塞腔的面积和有柱塞腔的面积；

　　　　p_p，p_1——液压泵供油压力和液压缸工作腔压力；

　　　　F_s——控制缸中的弹簧力。

由式（7–7）可知，节流阀的前后压差 $\Delta p = p_p - p_1$，基本上由作用在泵控制柱塞上的弹簧力来确定，由于弹簧刚度小，工作中伸缩量也很小，所以 F_s 基本恒定，则 Δp 也近似为常数，所

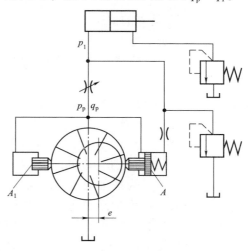

图 7 – 17　差压式变量泵和节流阀
组成的容积节流调速回路

以通过节流阀的流量就不会随负载而变化，这和调速阀的工作原理相似。因此，这种调速回路的性能与限压式变量泵和调速阀组成的容积节流调速回路不相上下，它的调速范围也是只受节流阀调节范围的限制。此外，这种回路因能补偿由负载变化引起的泵的泄漏变化，因此在低速小流量的场合使用性能尤佳。在这种调速回路中，不但没有溢流损失，而且泵的供油压力随负载而变化，回路中的功率损失也只有节流处压降 Δp 所造成的节流损失一项，因而它的效率较限压式变量泵和调速阀的调速回路要高，且发热少。这种回路宜用在负载变化大，速度较低的中、小功率场合，如某些组合机床的进给系统中。

2．快速运动回路

快速运动回路又称增速回路，其功用在于使液压执行元件获得所需的高速度，以提高系统的工作效率或充分利用功率。实现快速运动视方法不同有多种结构方案，下面介绍几种常用的快速运动回路。

1）液压缸差动连接回路

如图 7-18 所示的回路是利用二位三通换向阀实现的液压缸差动连接回路。在这种回路中，当阀 1 和阀 3 在左位工作时，液压缸差动连接做快进运动；当阀 3 通电时，差动连接即被切除，液压缸回油经过调速阀，实现工进；阀 1 切换至右位后，液压缸实现快退。这种连接方式可在不增加液压泵流量的情况下提高液压执行元件的运动速度，但是泵的流量和有杆腔排出的流量合在一起流过的阀和管路应按合成流量来选择，否则会使压力损失过大、泵的供油压力过大，致使泵的部分压力油从溢流阀溢回油箱而达不到差动快进的目的。液压缸的差动连接也可用 P 型中位机能的三位换向阀来实现。

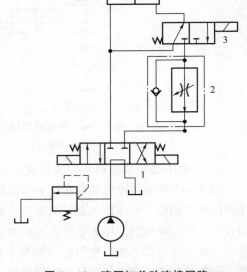

图 7-18　液压缸差动连接回路
1，3—电磁阀；2—单向调速阀

2）采用蓄能器的快速运动回路

图 7-19 所示为采用蓄能器的快速运动回路，采用蓄能器的目的是可以用流量较小的液压泵。当系统中短期需要大流量时，换向阀 5 的阀芯处于左端或右端位置，即由泵 1 和蓄能器 4 共同向缸 6 供油，当系统停止工作时，换向阀 5 处在中间位置，这时泵便经过单向阀 3 向蓄能器供油，蓄能器压力升高后，控制卸荷阀 2 打开阀口，使液压泵卸荷。

3）双泵供油回路

双泵供油回路见第三章图 3-14 及相应介绍。

4）用增速缸的快速运动回路

图 7-20 所示为采用增速缸的快速运动回路。在这个回路中，当三位四通换向阀左位得电而工作时，压力油经增速缸中柱塞 1 的孔进入 B 腔，使活塞 2 伸出，获得快速（$v = 4q_p/\pi d^2$），A 腔中所需油液经液控单向阀 3 从辅助油箱吸入，活塞 2 伸出到工作位置时负载加大，压力升高，打开顺序阀 4，高压油进入 A 腔，同时关闭单向阀。此时活塞杆在压力油作用下继续外伸，但因有效面积加大、速度变慢而使推力加大，这种回路常被用于液压机的系统中。

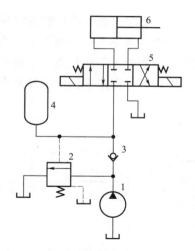

图 7 - 19 采用蓄能器的快速运动回路

1—液压泵；2—卸荷阀；3—单向阀；

4—蓄能器；5—换向阀；6—液压缸

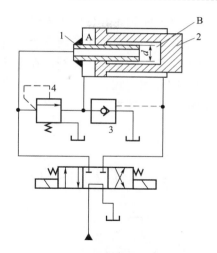

图 7 - 20 采用增速缸的快速运动回路

1—柱塞；2—活塞；3—液控单向阀；4—顺序阀

3. 速度换接回路

速度换接回路的功能是使液压执行机构在一个工作循环中从一种运动速度变换到另一种运动速度，因此这个转换不仅包括液压执行元件快速到慢速的换接，也包括两个慢速之间的换接。实现这些功能的回路应该具有较高的速度换接平稳性。

1）快速与慢速的换接回路

能够实现快速与慢速换接的方法很多，图 7 - 21 所示为采用行程阀来实现快、慢速换接的回路。在图示状态下，液压缸快进，当活塞所连接的挡块压下行程阀 6 时，行程阀关闭，液压缸右腔的油液必须通过节流阀 5 才能流回油箱，活塞运动速度转变为慢速工进；当换向阀左位接入回路时，压力油经单向阀 4 进入液压缸右腔，活塞快速向右返回。这种回路的快、慢速换接过程比较平稳，换接点的位置比较准确。其缺点是行程阀的安装位置不能任意布置，管路连接较为复杂。若将行程阀改为电磁阀，则安装连接比较方便，但速度换接的平稳性、可靠性以及换向精度都较差。

2）慢速之间的换接回路

图 7 - 22（a）所示为用两个调速阀并联来实现不同工进速度的换接回路。图 7 - 22（a）中的两个调速阀 1、2 并联，由换向阀 3 实现换接。两个调速阀可以独立地调节各自的流量，互不影响。但是，当一个调速阀工作时另一个调速阀内无油通过，它的减压阀处于最大开口位置，因而速度换接时大量油液通过该处将使机床工作部件产生突然前冲的现象。因此它不宜用于在工作过程中的速度换接，只可用在速度预选的场合。

图 7 - 22（b）所示为两个调速阀串联的速度换

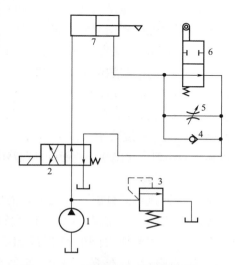

图 7 - 21 采用行程阀的速度换接回路

1—液压泵；2—电磁阀；3—溢流阀；

4—单向阀；5—节流阀；6—行程阀；7—液压缸

接回路。当主换向阀 4 左位接入系统时，调速阀 2 被换向阀 3 短接，输入液压缸的流量由调速阀 1 控制。当阀 3 右位接入回路时，由于通过调速阀 2 的流量调得比调速阀 1 小，所以输入液压缸的流量由调速阀 2 控制。在这种回路中，调速阀 1 一直处于工作状态，它在速度换接时限制着进入调速阀 2 的流量，因此它的速度换接平稳性较好。但由于油液经过两个调速阀，所以能量损失较大。

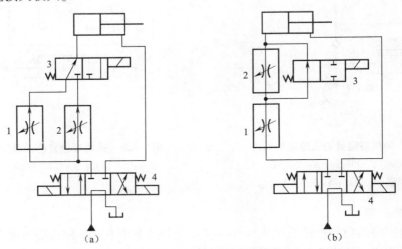

图 7 - 22　采用两个调速阀的速度换接回路

(a) 调速阀并联；(b) 调速阀串联

1, 2—调速阀；3—换向阀；4—主换向阀

(三) 方向控制回路

方向控制回路是用来控制液压系统中各条油路油流的接通、切断或改变流向，从而使有关的执行元件按照需要相应地做出启动、停止 (包括锁紧) 或换向等动作的回路。

1. 换向回路

换向回路的功能是改变执行元件的运动方向，一般可采用各种换向阀来实现，在闭式容积调速回路中也可利用双向变量泵实现。

用电磁换向阀来实现执行元件换向最方便，但电磁换向阀动作快，换向时会有冲击，不宜用作频繁换向。采用电液换向阀换向时，虽然其液动换向阀的阀芯移动速度可调节，换向冲击较小，但仍不能用于频繁换向的场合。即使这样，电磁换向阀换向回路仍是应用最广泛的回路，尤其是在自动化程度要求较高的组合液压系统中被普遍采用。这种换向回路曾多次出现于前面许多回路中，这里不再赘述。

2. 锁紧回路

为了保证执行元件能在任意位置上停止，并防止在停止后因受外界影响 (包括自重) 而产生窜动，可采用锁紧回路。利用三位四通换向阀的 O 形或 M 形中位机能可以实现锁紧，但因阀的泄漏影响，锁紧效果较差。在要求定位准确的设备中，大多采用液控单向阀锁紧。

图 7 - 23 所示为液控单向阀双向锁紧回路。由于液控单

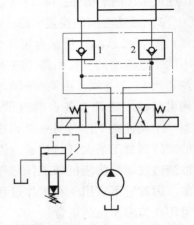

图 7 - 23　液控单向阀双向锁紧回路

向阀的密封性能好，故即使在外力作用下这种回路也能使执行元件长时间锁紧。

应该指出，采用液控单向阀的锁紧回路，换向阀的中位机能应使液控单向阀的控制油口通油箱，以保证液控单向阀能及时关闭。

四、任务实训

在实验室完成由方向阀、压力阀、流量阀等元件组成的基本回路的练习。

五、技能点

掌握系统中基本回路的构成，以及回路的类型、特点和连接方式。

六、知识拓展

多缸动作控制回路

在液压系统中，如果由一个油源给多个液压缸输送压力油，这些液压缸会因压力和流量的彼此影响而在动作上相互牵制，必须使用一些特殊的回路才能实现预定的动作要求，常见的这类回路主要有以下三种。

1. 顺序动作回路

顺序动作回路的功用是使多缸液压系统中的各个液压缸严格地按规定的顺序动作。按控制方式不同，可分为行程控制的顺序动作回路和压力控制的顺序动作回路两大类。

1）行程控制的顺序动作回路

图 7 - 24 所示为由两个行程控制的顺序动作回路。其中图 7 - 24（a）所示为由行程阀控制的顺序动作回路，在图示状态下，A、B 两液压缸活塞均在右端，推动手柄，使阀 C 左位工作，缸 B 左行，完成动作①；挡块压下行程阀 D 后，缸 B 左行，完成动作②；手动换向阀复位后，缸 A 先复位，实现动作③；随着挡块后移，阀 D 复位，缸 B 退回实现动作④。至此，顺序动作全部完成。这种回路工作可靠，但动作顺序一经确定，再改变就比较困难，同时管路长，布置较麻烦。

图 7 - 24（b）所示为由行程开关控制的顺序动作回路，当阀 E 得电换向时，缸 A 左行完成动作①；触动行程开关 S_1，使阀 F 得电换向，控制缸 B 左行完成动作②；当缸 B 左行至触动行程开关 S_2 时，阀 E 失电，缸 A 返回，实现动作③；触动 S_3 使 F 断电，缸 B 返回，完成动作④；最后触动 S_4 使泵卸荷或引起其他动作，完成一个工作循环。这种回路的优点是控制灵活方便，但其可靠程度主要取决于电气元件的质量。

2）压力控制的顺序动作回路

图 7 - 25 所示为使用顺序阀压力控制的顺序动作回路。当换向阀左位接入回路且顺序阀 D 的调定压力大于液压缸 A 的最大前进工作压力时，压力油先进入液压缸 A 的左腔，实现动作①；当液压缸行至终点后，压力上升，压力油打开顺序阀 D 进入液压缸 B 的左腔，实现动作②；同样地，当换向阀右位接入回路且顺序阀 C 的调定压力大于液压缸 B 的最大返回工作压力时，两液压缸则按③和④的顺序返回。显然这种回路动作的可靠性取决于顺序阀的性能及其压力调定值，即它的调定压力应比前一个动作的压力高出 0.8 ~ 1.0 MPa，否则

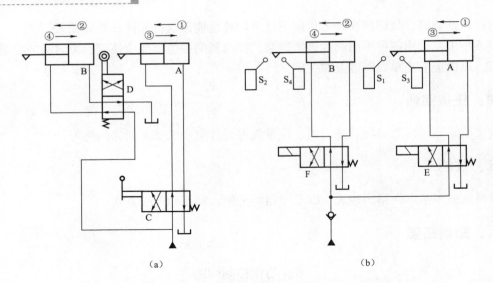

（a）　　　　　　　　　　　（b）

图 7-24　行程控制的顺序动作回路

顺序阀易在系统压力脉冲中产生误动作，由此可见，这种回路适用于液压缸数目不多、负载变化不大的场合。其优点是动作灵敏，安装连接较方便；缺点是可靠性不高，位置精度低。

2．同步回路

同步回路的功用是保证系统中的两个或多个液压缸在运动中的位移量相同或以相同的速度运动。从理论上讲，对两个工作面积相同的液压缸输入等量的油液即可使两液压缸同步，但泄漏、摩擦阻力、制造精度、外负载、结构弹性变形以及油液中的含气量等因素都会使同步难以保证，为此，同步回路要尽量克服或减少这些因素的影响，有时还要采取补偿措施，以消除累积误差。

1）带补偿措施的串联液压缸同步回路

图 7-26 所示为带补偿措施的串联液压缸同步回路，在这个回路中，液压缸 1 的有杆腔

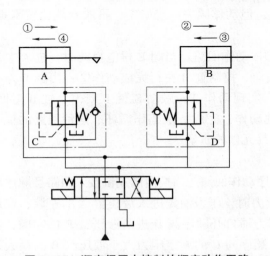

图 7-25　顺序阀压力控制的顺序动作回路

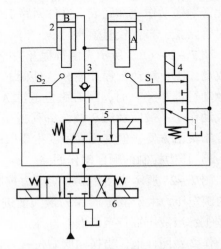

图 7-26　带补偿措施的串联液压缸同步回路

1，2—液压缸；3—液控单向阀；

4，5—二位三通电磁阀；6—三位四通换向阀

A 的有效面积与液压缸 2 的无杆腔 B 的面积相等，因而从 A 腔排出的油液进入 B 腔后，两液压缸的升降便得到同步。而补偿措施使同步误差在每一次下行运动中都可消除，以避免误差的积累。其补偿原理为：当三位四通换向阀 6 右位工作时，两液压缸活塞同时下行，若缸 1 的活塞先运行到底，它就触动行程开关 S_1 使阀 5 得电，压力油便经阀 5 和液控单向阀 3 向缸 2 的 B 腔补油，推动活塞继续运行到底，误差即被消除；若缸 2 先运行到底，则触动行程开关使阀 4 得电，控制压力油使液控单向阀反向通道打开，使缸 1 的 A 腔通过液控单向阀回油，其活塞即可继续运行到底。这种串联同步回路只适用于负载较小的液压系统。

2）采用同步缸或同步马达的同步回路

图 7 - 27（a）所示为采用同步缸的同步回路，同步缸 A、B 两腔的有效面积相等，且两个工作缸的面积也相同，故能实现同步。这种同步回路的同步精度取决于液压缸的加工精度和密封性，一般精度可达到 98% ~ 99%。由于同步缸一般不宜做得过大，所以这种回路仅适用于小容量的场合。

图 7 - 27（b）所示为采用相同结构、相同排量的液压马达作为等流量分流装置的同步回路。两个液压马达轴刚性连接，把等量的油液分别输入两个尺寸相同的液压缸中，使两个液压缸实现同步。图中与马达并联的节流阀用于修正同步误差。影响这种回路的同步精度的主要因素有：马达由于制造上的误差而引起的排量的差别；作用于液压缸活塞上的负载不同而引起的泄漏以及摩擦阻力不同等。这种同步回路的同步精度比节流控制的要高，但由于所用马达一般为容积效率较高的柱塞式马达，所以费用较高。

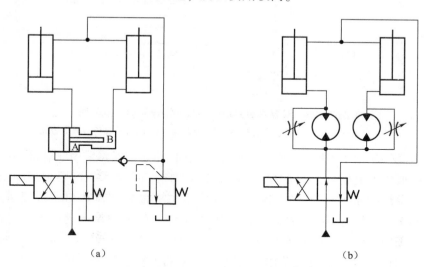

（a）　　　　　　　　　　　　　　（b）

图 7 - 27　采用同步缸和同步马达的同步回路

同步控制回路也可采用分流阀（同步阀）控制同步。对于同步精度要求较高的场合，可以采用由比例调速阀和电液伺服阀组成的同步回路。

3．多缸快慢速互不干扰回路

多缸快慢速互不干扰回路的功用是防止液压系统中的几个液压缸因速度快慢的不同而在动作上相互干扰。

图 7 - 28 所示为双泵供油实现的多缸快慢速互不干扰回路。图中的液压缸 A 和 B 各自

要完成"快进→工进→快退"的自动工作循环。其原理为在图示状态下各缸原位停止,当阀5、阀6均通电时,各缸均由双联泵中的大流量泵2供油并做差动快进。这时如果某一个液压缸（例如缸A）先完成快进动作,则由挡块和行程开关使阀7通电,阀6断电,此时大流量泵2进入缸A的油路被切断,而双联泵中的高压小流量泵1进油路打开,缸A由调速阀8调速工进。此时缸B仍快进,互不影响。当各缸都转为工进后,它们全由小流量泵1供油。此后,若缸A又率先完成工进,行程开关应使阀7和6均通电,缸A即由大流量泵2供油快退,当电磁铁都断电时,各缸都停止运动,并被锁在当前的位置上。由此可见,这个回路之所以能够防止多缸的快慢运动互不干扰,是由于快速和慢速各由一个液压泵来分别供油,再由相应的电磁铁来进行控制。

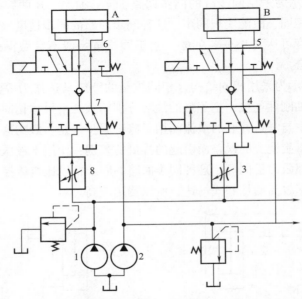

图7-28 双泵供油实现的多缸快慢速互不干扰回路
1—小流量泵；2—大流量泵；3，8—调速阀；4，5，6，7—二位五通电磁阀

图7-29所示为采用顺序节流阀的叠加阀防干扰回路。该回路采用双联泵供油,其中泵2为双联泵中的低压大流量泵,供油压力由溢流阀1调定,泵1为双联泵中的高压小流量泵,其工作压力由溢流阀8调定,泵2和泵1分别接叠加阀的P口和P_1口。该回路的工作原理为：当换向阀4和5的左位接入系统时,液压缸A和B快速向左运动,此时远控式顺序节流阀3和6由于控制压力油压力较低而关闭,因而泵1的压力油经溢流阀8回油箱,若其中一个液压缸,如缸A先完成快进动作,则液压缸A的无杆腔压力升高,顺序节流阀3的阀口被打开,高压小流量泵1的压力油经阀3中的节流口而进入液压缸A的无杆腔,高压油同时使阀2中的单向阀反向关闭,此时缸A的运动速度由阀3中节流口的开度所决定（节流口大小按工进速度进行调整）,且缸B仍由泵2供油进行快进,两缸动作互不干扰。此后,当缸A率先完成工进动作时,换向阀4的右位接入系统,由泵2的油液使缸A退回。若换向阀4和5失电,则液压缸停止运动。由此可见,这种双泵供油的叠加阀互不干扰回路中顺序节流阀的开启取决于液压缸工作腔的压力,所以动作可靠性较高。这种回路被广泛应用于组合机床的液压系统中。

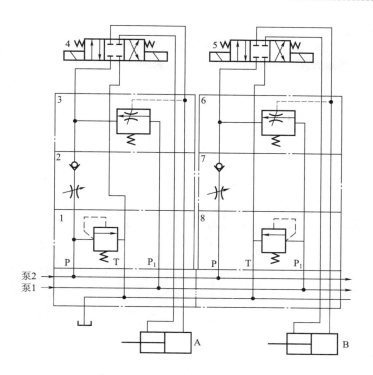

图 7 – 29　叠加阀防干扰回路

1，8—溢流阀；2，7—单向阀；3，6—顺序节流阀；4，5—换向阀

第二节　机械设备液压系统回路

一、任务引入

机械设备液压系统是根据该设备的工作要求，采用各个功能不同的基本回路组成的。液压系统图用来表示液压系统内所有液压元件及其连接、控制情况和执行元件实现运动的工作原理。通过对典型液压系统的阅读和分析，进一步加深了对各种基本回路和液压元件综合应用的理解，为液压系统的调整、维护和使用打下基础。

二、任务分析

（1）了解机械设备的功用、设备工况对液压系统的要求以及设备的工作循环。

（2）初步阅读液压系统图，了解系统中包含哪些元件，且以执行元件为中心，将系统分为若干个子系统。

（3）逐步分析各个子系统，了解系统由哪些基本回路组成、各个元件的功用及其相互之间的关系。

（4）根据系统中对各个执行元件间的互锁、同步、防干扰等要求，分析各子系统之间的关系，弄懂整个液压系统的各种原理。

（5）归纳出设备液压系统的特点和使设备正常工作的要领，加深对整个液压系统的理解。

三、基本知识

(一) YT4543型动力滑台液压系统

如图7-30所示动力滑台液压系统能实现的典型工作循环为快进→一次工进→二次工进→停留→快退→原位停止。

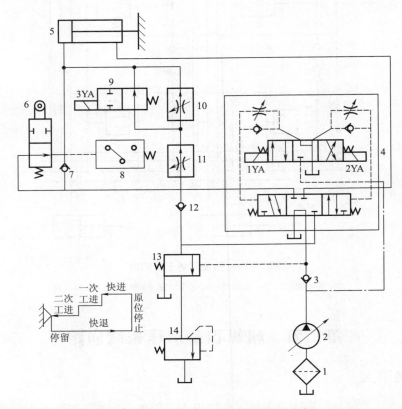

图7-30 YT4543型动力滑台液压系统

1—滤油器；2—变量叶片泵；3, 7, 12—单向阀；4—电液换向阀；5—液压缸；6—行程换向阀；
8—压力继电器；9—二位二通电磁换向阀；10, 11—调速阀；13—液控顺序阀；14—背压阀

1. YT4543型动力滑台液压系统的工作原理

1) 快进

按下启动按钮，电液换向阀4的电磁铁1YA通电，使电液换向阀4的先导阀左位工作，控制油液经先导阀左位经单向阀进入主液动换向阀的左端使其左位接入系统，变量叶片泵2输出的油液经主液动换向阀左位进入液压缸5的左腔（无杆腔），因为此时为空载，系统压力不高，液控顺序阀13仍处于关闭状态，故液压缸5右腔（有杆腔）排出的油液经主液动换向阀左位也进入液压缸的无杆腔。这时液压缸5为差动连接，限压式变量泵输出流量最大，动力滑台实现快进。系统控制油路和主油路中油液的流动路线如下。

（1）控制油路。

进油路：滤油器1→变量叶片泵2→电液换向阀4的先导阀的左位→左单向阀→电液换向阀4的主阀的左端。

回油路：电液换向阀 4 的右端→右节流阀→电液换向阀 4 的先导阀的左位→油箱。

（2）主油路。

进油路：滤油器 1→变量叶片泵 2→单向阀 3→电液换向阀 4 的主阀的左位→行程换向阀 6 的下位→液压缸 5 的左腔。

回油路：液压缸 5 的右腔→电液换向阀 4 的主阀的左位→单向阀 12→行程换向阀 6 的下位→液压缸 5 的左腔。

2）一次工进

当快进完成时，滑台上的挡块压下行程换向阀 6，行程换向阀上位工作，阀口关闭，这时电液换向阀 4 仍工作在左位，泵输出的油液通过阀 4 后只能经调速阀 11 和二位二通电磁换向阀 9 的右位进入液压缸 5 的左腔。由于油液经过调速阀而使系统压力升高，于是将液控顺序阀 13 打开，并关闭单向阀 12，液压缸差动连接的油路被切断，液压缸 5 右腔的油液只能经液控顺序阀 13、背压阀 14 流回油箱，这样就使滑台由快进转换为一次工进。由于工作进给时液压系统油路压力升高，所以限压式变量泵的流量自动减小，滑台实现一次工进，工进速度由调速阀 11 调节。此时控制油路不变，其主油路油液的流动路线如下。

进油路：滤油器 1→变量叶片泵 2→单向阀 3→电液换向阀 4 的主阀的左位→调速阀 11→二位二通电磁换向阀 9 的右位→液压缸 5 的左腔。

回油路：液压缸 5 的右腔→电液换向阀 4 的主阀的左位→液控顺序阀 13→背压阀 14→油箱。

3）二次工进

二次工进时的控制油路和主油路的回油路与一次工进时的基本相同，不同之处是当一次工进结束时，滑台上的挡块压下行程开关，发出电信号使电磁换向阀 9 的电磁铁 3YA 通电，阀 9 左位接入系统，切断了该阀所在的油路，经调速阀 11 的油液必须通过调速阀 10 进入液压缸 5 的左腔。此时液控顺序阀 13 仍开启。由于调速阀 10 的阀口开口量小于调速阀 11，系统压力进一步升高，限压式变量泵的流量进一步减少，使得进给速度降低，滑台实现二次工进。工进速度可由调速阀 10 调节。其主油路油液的流动路线如下。

进油路：滤油器 1→变量叶片泵 2→单向阀 3→电液换向阀 4 的主阀的左位→调速阀 11→调速阀 10→液压缸 5 的左腔。

回油路：液压缸 5 的右腔→电液换向阀 4 的主阀的左位→液控顺序阀 13→背压阀 14→油箱。

4）停留

当滑台完成二次工进时，动力滑台与止位钉相碰撞，液压缸停止不动。此时液压系统的压力进一步升高，当达到压力继电器 8 的调定压力后，压力继电器动作，发出电信号传给时间继电器，由时间继电器延时控制滑台停留时间。在时间继电器延时结束之前，动力滑台将停留在止位钉限定的位置上，且停留期间液压系统的工作状态不变。停留时间可根据工艺要求由时间继电器来调定。设置止位钉的作用是提高动力滑台行程的位置精度。此时的油路同二次工进的油路，但实际上液压系统内的油液已停止流动，液压泵的流量已减至很小，仅用于补充泄漏油。

5）快退

动力滑台停留时间结束后，时间继电器发出电信号，使电磁铁 2YA 通电，1YA、3YA 断电。这时电液换向阀 4 的先导阀右位接入系统，电液换向阀 4 的主阀也换为右位工作，油路换向。因滑台返回时为空载，液压系统压力低，变量泵的流量又自动恢复到最大值，故滑台快速退回。其油路的流动路线如下。

（1）控制油路。

进油路：滤油器 1→变量叶片泵 2→电液换向阀 4 的先导阀的右位→右单向阀→电液换向阀 4 的主阀的右端。

回油路：电液换向阀 4 的主阀的左端→左节流阀→电液换向阀 4 的先导阀的右位→油箱。

（2）主油路。

进油路：滤油器 1→变量叶片泵 2→单向阀 3→电液换向阀 4 的主阀的右位→液压缸 5 的右腔。

回油路：液压缸 5 的左腔→单向阀 7→电液换向阀 4 的主阀的右位→油箱。

6）原位停止

当动力滑台快退到原始位置时，挡块压下行程开关，使电磁铁 2YA 断电，此时电磁铁 1YA、2YA、3YA 都失电，电液换向阀 4 的先导阀及主阀都处于中位，液压缸 5 的两腔被封闭，动力滑台停止运动，滑台锁紧在起始位置上，变量叶片泵 2 通过电液换向阀 4 的中位卸荷。

该液压系统采用了限压式变量泵供油，电液换向阀换向，行程阀实现快、慢速度换接，串联调速阀实现两种工作进给速度的转换，其最高工作压力不大于 6.3 MPa。在阅读和分析液压系统时，可参阅电磁铁和行程阀动作顺序表 7－1。

表 7－1　YT4543 型动力滑台的液压系统电磁铁和行程阀动作顺序表

工作循环	电磁铁			行程阀
	1YA	2YA	3YA	
快进	+	－	－	－
一次工进	+	－	－	+
二次工进	+	－	+	+
停留	+	－	+	+
快退	－	+	－	+（－）
原位停止				

注："+"表示电磁铁得电或行程阀被压下；"－"表示电磁铁失电或行程阀被抬起。

2．YT4543 型动力滑台液压系统的特点

通过对 YT4543 型动力滑台液压系统的分析，可知该系统具有以下特点：

（1）该系统采用了由限压式变量泵和调速阀组成的进油路容积节流调速回路，这种回路能够使动力滑台得到稳定的低速运动和较好的速度－负载特性，而且由于系统无溢流损失，故系统效率较高。另外，回路中设置了背压阀，可以改善动力滑台运动的平稳性，并能使滑台承受一定的反向负载。

（2）该系统采用了限压式变量泵和液压缸的差动连接回路来实现快速运动，使能量的利用比较经济合理。动力滑台停止运动时，换向阀使液压泵在低压下卸荷，减少了能量损失。

（3）系统采用行程阀和液控顺序阀实现快进与工进的速度换接，动作可靠，速度换接平稳。同时，调速阀可起到加载的作用，在刀具与工件接触之前就能可靠地转入工作进给，因此不会引起刀具和工件的突然碰撞。

（4）在行程终点采用了止位钉，不仅提高了进给时的位置精度，还扩大了动力滑台的

工艺范围，更适合于镗削阶梯孔、刮端面等加工工序。

（5）由于采用了调速阀串联的二次进给调速方式，启动和速度换接时的前冲量较小，并便于利用压力继电器发出信号进行控制。

（二）数控机床液压系统

数控机床容易实现柔性自动化，近年来得到了高速发展和应用。数控机床对控制的自动化程度要求很高，液压与气动能方便地实现电气控制与自动化，在数控机床中广泛采用液压系统的特点如下：

（1）数控机床控制的自动化程度要求较高，它对动作的顺序要求较严格，并有一定的速度要求。液压系统一般由数控机床的 PLC 或 CNC 来控制，所以动作顺序直接用电磁换向阀切换来实现的较多。

（2）数控机床的主运动已趋于直接用伺服电动机驱动，所以液压系统的执行元件主要承担各种辅助功能，虽其负载变化幅度不是很大，但要求稳定，因此常采用减压阀来保证各支油路的压力恒定。

图 7-31 所示为 MJ-50 型数控车床液压系统的原理，它主要承担卡盘、回转刀盘及尾架套筒的驱动与控制。它能实现卡盘的夹紧与松开及两种夹紧力（高与低）之间的转换、回转刀盘的正反转及刀盘的松开与夹紧、尾夹套筒的伸缩，液压系统中的所有电磁铁的通断均由数控系统用 PLC 来控制。整个系统由卡盘、回转刀盘及尾架套筒三个分系统组成，并以一变量液压泵为动力源，系统的压力值调定为 4 MPa。

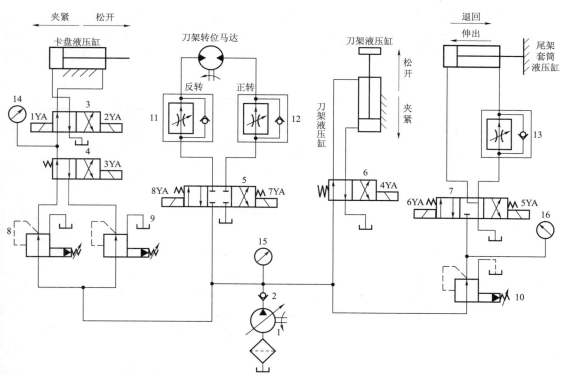

图 7-31　MJ-50 型数控车床液压系统的原理

1—变量泵；2—单向阀；3，4，5，6，7—换向阀；8，9，10—减压阀；
11，12，13—单向节流阀；14，15，16—压力表

1. 卡盘分系统

卡盘分系统由一个二位四通换向阀 3（带两个电磁铁），一个二位四通电磁换向阀 4、两个减压阀 8、9 和一个液压缸组成。高压夹紧 1YA 得电，3YA 失电，换向阀 3 和 4 均位于左位，夹紧力的大小可通过减压阀 8 调节，这时液压缸活塞左移使卡盘夹紧（称正卡或外卡），阀 8 的调定值高于阀 9，卡盘处于高压夹紧状态。松夹时，1YA 失电、2YA 得电，阀 3 切换至右位。活塞右移，卡盘松开低压夹紧，此时 3YA 得电而使阀 4 切换至右位，压力油经减压阀 9 进入，通过调节阀 9 便能实现低压夹紧状态下的夹紧力。

2. 自动回转刀盘（自动卡刀）分系统

自动回转刀盘分系统有两个执行元件，刀盘的松开与夹紧由液压缸执行，而液压马达则驱动刀盘回转。控制刀盘的松开与夹紧是通过电磁换向阀 6 的切换来实现的。液压马达即刀盘正、反都通过三位四通换向阀 5 的切换来控制的，两个单向节流阀 11 和 12 与变量液压泵使液压马达在正、反转时都能通过进油路容积节流调速来调节旋转速度。自动换刀的完整过程是刀盘松开→刀盘通过左转或右转就近到达指定刀位→刀盘夹紧，因此电磁铁的动作顺序是 4YA 得电（刀盘松开）→8YA（正转）或 7YA（反转）得电（刀盘旋转）→4YA 失电（刀盘夹紧）。

3. 尾架套筒分系统

尾架套筒分系统通过液压缸来实现顶出与缩回，控制回路由减压阀 10、三位四通换向阀 7 和单向节流阀 13 组成。减压阀 10 将系统压力降为尾架套筒顶紧所需的压力，单向节流阀 13 用于在尾架套筒伸出时实现回油节流调速控制伸出速度。最后，5YA 得电，尾架套筒缩回。

机床中由液压系统实现的动作有卡盘的夹紧与松开、刀架的夹紧与松开、刀架的正转与反转、尾座套筒的伸出与缩回。液压系统中各电磁铁动作由数控系统的 PC 控制实现，如表 7 - 2 所示。

表 7 - 2　电磁铁动作表

项目			电磁铁							
			1YA	2YA	3YA	4YA	5YA	6YA	7YA	8YA
卡盘正卡	高压	夹紧	+	−	−	−	−	−	−	−
		松开	−	+	−	−	−	−	−	−
	低压	夹紧	+	−	+	−	−	−	−	−
		松开	−	+	+	−	−	−	−	−
卡盘反卡	高压	夹紧	−	+	−	−	−	−	−	−
		松开	+	−	−	−	−	−	−	−
	低压	夹紧	−	+	+	−	−	−	−	−
		松开	+	−	+	−	−	−	−	−
刀架	正转		−	−	−	−	−	−	−	+
	反转		−	−	−	−	−	−	+	−
	松开		−	−	−	+	−	−	−	−
	夹紧		−	−	−	−	−	−	−	−
尾座套筒	伸出		−	−	−	−	−	+	−	−
	退回		−	−	−	−	+	−	−	−

（三）汽车起重机液压系统

1. 概述

汽车起重机是一种广泛使用的工程机械。它能以较快的速度行走，机动性好，适应性强，自备动力，无须配备电源，能在野外作业，操作方便灵活，在交通运输、城建、消防、物料场、基建等领域得到广泛应用。

汽车起重机采用液压起重技术，其承载能力强，可在有冲击、振动和环境较差的条件工作。起重机液压系统执行元件需要完成的动作简单，位置精度要求较低，系统以手动操作为主。对于起重机液压系统而言，确保工作的可靠性和安全性尤为重要。

2. 功能特点

起重机用配套的载重汽车作为基本部分，在上面添加相应的起重功能部件，组成完整的汽车起重机，并且利用汽车动力作为起重机的液压系统动力。起重机工作时，汽车轮胎不受力，依靠 4 条液压支腿将整个汽车抬起，并将起重机的各部分展开，进行起重作业。当需要转移工作场所时，需将起重机的各部分收回到汽车上，使其恢复到车辆的运输功能状态进行转移。一般起重机具有以下功能：

（1）整机能方便随汽车转移，满足野外作业、机动灵活及不需要配备电源的要求。

（2）当进行起重作业时，支腿机构能将整个汽车抬起，使汽车轮胎离开地面，免受起重载荷的直接作用，且液压支腿能保持长时间位置不变，以防止在承受起重载荷时出现软腿的现象。

（3）在一定范围内能任意调整、平衡锁定起重臂的长度和仰角，以满足不同起重作业的要求。

（4）起重臂能在 360°范围内任意转动和锁定。

（5）起吊重物在一定范围内任意升降，并能在任意位置上进行负重停止，且再次负重启动时不出现溜车现象。

3. 运动组成

1）支腿装置

起重机作业时使汽车轮胎离开地面，架起整车，避免载荷压在轮胎上，并可调整整车水平，一般为 4 腿结构。

2）吊臂回转机构

吊臂回转机构使掉臂实现 360°任意回转，并能在任何位置上锁定停止。

3）吊臂伸缩机构

吊臂伸缩机构使吊臂在一定尺寸范围内可调，并能定位，用以改变吊臂的工作长度。一般为 3 节或 4 节套筒伸缩结构。

4）吊臂变幅机构

吊臂变幅机构使吊臂在 15°~80°内任意可调，用以改变吊臂的倾角。

5）吊钩起降机构

吊钩起降机构使重物在起吊范围内任意升降，并在任意位置使负重停止、起吊和下降，其速度在一定范围内无级可调。

4. 工作原理

Q2-8 型汽车起重机是一种中小型起重机（最大起重能力为 8 t），其液压系统原理如图 7-32 所示。这种起重机的作业操作主要通过手动操作来实现多缸的动作。起重作业时一般为单个动作，个别情况下有两缸的复合动作。为简化结构，系统采用一个液压泵给各执行元件串联供油。在轻载时，各串联的执行元件可任意组合，使几个执行元件同时动作，如伸缩和回转或伸缩与变幅同时进行等。

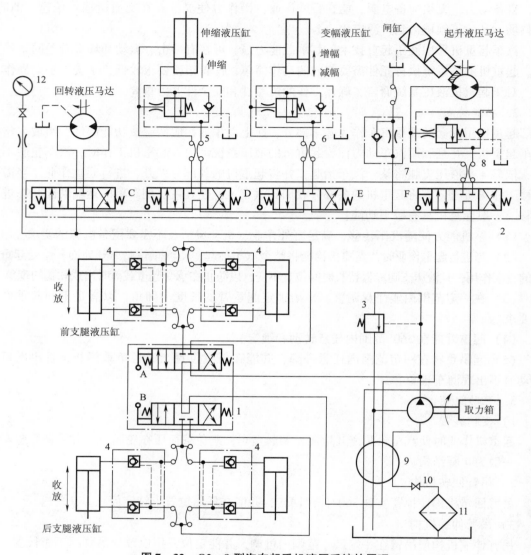

图 7-32　Q2-8 型汽车起重机液压系统的原理

1，2—手动阀组；3—安全阀；4—双向液压锁；5，6，8—平衡阀；7—单向节流阀；

9—中心回转接头；10—开关；11—过滤器；12—压力表；A~F—手动换向阀

　　汽车起重机液压系统中液压泵的动力都是由汽车发动机通过装在底盘变速箱上的取力箱提供的。液压泵为高压齿轮泵，发动机的转速可以通过加速踏板人为调节控制，因此虽然是定量泵，但其输出流量可在一定范围内通过控制汽车节气门的大小来控制，从而实现无级调速。该泵的额定压力为 21 MPa，排量为 40 mL/r，额定转速为 1 500 r/min。液压泵通过中心回转接头 9、开关 10 和过滤器 11 从油箱取油。输出的压力油通过中心回转接头 9、多路换向手动阀组 1 和 2 的操作，将压力油串联输送到各个执行元件，起重机不工作时，液压系统处于卸荷状态。系统各部分的具体工作情况如下。

1）支腿油缸收放回路

汽车起重机的底盘前后各有两条支腿，通过机械结构可使每条支腿收起和放下。每条支腿上都装有一个油缸，支腿动作由油缸驱动。前后支腿分别由手动阀组 1 中的三位四通手动换向阀 A 和 B 控制其伸出或缩回。换向阀的中位机能均采用 M 型，油路采用串联形式。为确保两条支腿伸出的可靠性，每个油缸均设有双向锁紧回路，以保证支腿被可靠锁住，防止在起重作业时发生软腿或行走过程中自行滑落。系统中油液的流动路线如下。

（1）前支腿。

进油路：取力箱→液压泵→手动阀组 1 中的阀 A→两个前支腿液压缸的无杆腔（进油腔）。

回油路：两个前支腿液压缸的有杆腔（回油腔）→手动阀组 1 中的阀 A→阀 B（中位）→中心回转接头 9→手动阀组 2 中的阀 C（中位）、D（中位）、E（中位）、F（中位）→中心回转接头 9→油箱。

（2）后支腿。

进油路：取力箱→液压泵→手动阀组 1 中的阀 A（中位）→手动阀组 1 中的阀 B→两个后支腿液压缸的无杆腔（进油腔）。

回油路：两个前支腿液压缸的有杆腔（回油腔）→手动阀组 1 中的阀 A（中位）→阀 B→中心回转接头 9→手动阀组 2 中的阀 C（中位）、D（中位）、E（中位）、F（中位）→中心回转接头 9→油箱。

2）吊臂回转回路

吊臂回转机构采用液压马达作为执行元件。液压马达通过蜗轮蜗杆减速箱和一对内啮合齿轮传动来驱动转盘回转，由于转盘转速较低，仅为 1～3 r/min，液压马达的转速也较低，故未设置液压马达制动回路。系统中采用手动阀组 2 中的三位四通换向阀 C 来控制转盘的正反转和锁定不动的三种状态。系统中油液的流动路线如下。

进油路：取力箱→液压泵→手动阀组 1 中的阀 A（中位）、B（中位）→中心回转接头 9→手动阀组 2 中的阀 C→液压马达进油腔。

回油路：液压马达回油腔→手动阀组 2 中的阀 C→手动阀组 2 中的阀 D（中位）、E（中位）、F（中位）→中心回转接头 9→油箱。

3）吊臂伸缩回路

起重机吊臂的伸缩由伸缩缸驱动，由多路换向阀组 2 中的三位四通手动换向阀 D 来控制其伸出和缩回。为防止因其自重而引起下滑，油路中设有平衡回路。系统中油液的流动路线如下。

进油路：取力箱→液压泵→手动阀组 1 中的阀 A（中位）、B（中位）→中心回转接头 9→手动阀组 2 中的阀 C（中位）→换向阀 D→伸缩液压缸进油腔。

回油路：伸缩液压缸回油腔→手动阀组 2 中的阀 D→手动阀组 2 中的阀 E（中位）、F（中位）→中心回转接头 9→油箱。

4）变幅回路

变幅回路是用一个液压缸来改变起重臂的仰角角度。变幅油缸由三位四通手动换向阀 E 来控制，为防止在变幅作业时因自重而使吊臂下落，油路中设有平衡回路。系统中油液的流动路线如下。

进油路：取力箱→液压泵→手动阀组 1 中的阀 A（中位）、B（中位）→中心回转接头 9→

手动阀组 2 中的阀 C（中位）→换向阀 D（中位）→换向阀 E→变幅液压缸进油腔。

回油路：变幅液压缸回油腔→手动阀组 2 中的阀 E→手动阀组 2 中的阀 F（中位）→中心回转接头 9→油箱。

5）起降回路

起降机构是起重机的主要工作机构，它由一个低速大扭矩马达来带动卷扬机工作。马达的正反转由三位四通手动换向阀 F 来控制。起重机起升速度的调节是通过改变汽车发动机的转速从而改变液压泵输出的流量和液压马达输入的流量来实现的。在回路中设有平衡回路，以防止重物自行下落。当系统不工作时，通过闸缸中的弹簧力实现对卷扬机的制动，防止起吊重物下滑；当起吊重物时，利用制动器延时张开的特性，可以避免卷扬机起吊时发生溜车下滑的现象。系统中油液的流动路线如下。

进油路：取力箱→液压泵→手动阀组 1 中的阀 A（中位）、阀 B（中位）→中心回转接头 9→手动阀组 2 中的阀 C（中位）→换向阀 D（中位）→换向阀 E（中位）→换向阀 F→卷扬机马达进油腔。

回油路：卷扬机马达回油腔→手动阀组 2 中的阀 F→中心回转接头 9→油箱。

5．主要特点

该液压系统由调压、调速、换向、锁紧、平衡、制动和多缸卸荷等基本回路组成，其具有以下特点：

（1）在调压回路中，采用安全阀来限制系统的最高压力，防止系统过载，对起重机实现超重起吊安全保护作用。

（2）在调速回路中，采用手动调节换向阀开口大小来调整工作机构（起降机构除外）的速度，方便灵活。

（3）在锁紧回路中，采用由液控单向阀构成的双向液压锁将前后支腿锁定在一定位置，工作可靠、安全，确保在整个起吊过程中每一条支腿都不会发生软腿现象。即使出现发动机熄火或液压管道破裂的情况，双向液压锁仍能正常工作，且有效时间较长。

（4）在平衡回路中，采用经过改造的单向液控顺序阀作平衡阀，以防止在起升、吊臂伸缩和变幅作业过程中因重物自重而下降，且其工作稳定、可靠。但在一个方向上有背压，会对系统造成一定的功率损失。

（5）制动回路中采用单向节流阀和单作用缸构成制动器。利用调整好的弹簧力进行制动，制动可靠、动作快。由于用液压缸压缩弹簧来松开制动，因此制动松开动作慢，可防止负重起吊时的溜车现象发生，能确保起吊安全，并且在汽车发动机熄火或液压系统出现故障时能迅速实现制动，防止被起吊的重物下落。

（6）在多缸卸荷回路中，采用多路换向阀结构，其中每个三位四通阀的中位机能都为 M 型中位机能，且将阀在油路中串联起来使用，可以使每个工作机构单独动作。这种串联结构也可在轻载时使机构任意组合并同时动作。但采用 6 个换向阀串联起来，会使液压泵的卸荷压力增大、系统效率降低。

（四）压力机液压系统

1．概述

YB32－200 型压力机通过液压系统产生很大的静压力对工件进行挤压、校直和冷弯等加工。这种液压压力机主要由横梁、导柱、工作台、上滑块和下滑块顶出机构等部件组成，在它的四个主柱之间安置着上、下两个液压缸。

液压压力机工作循环如图 7-33 所示。

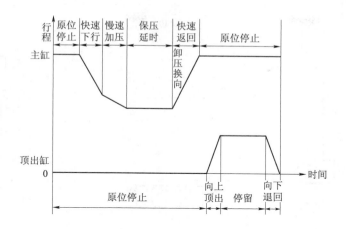

图 7-33　液压压力机工作循环

主缸（上液压缸）驱动上滑块实现"快速下行→慢速加压→保压延时→快速返回→原位停止"的工作循环。

顶出缸（下液压缸）驱动下滑块实现"向上顶出→停留→向下退回→原位停止"的动作循环。

压力机液压系统以压力控制为主，系统具有高压、大流量、大功率的特点。如何提高系统的效率，防止系统产生液压冲击是系统设计需要注意的问题。

2. 压力机液压系统的工作原理

YB32-200 型压力机液压系统的工作原理如图 7-34 所示。该系统由高压泵供油，控制油路的液压油是经主油路由减压阀 4 减压后得到的。下面以一般定压成型压制工艺为例，说明其液压系统的工作原理。

1）上滑块工作情况

（1）快速下行。

电磁铁 1YA 通电，作先导阀用的换向阀 5（三位四通电磁）和上液压缸主换向阀 6（三位四通液控）左位接入系统，液控单向阀 11 被打开，这时系统中油液进入液压缸上腔，因上滑块在自重作用下迅速下降，而液压泵的流量较小，所以液压机顶部充液筒中的油液经液控单向阀 12 也流入液压缸上腔。

进油路：液压泵 1→顺序阀 7→三位四通液控换向阀 6（左位）→单向阀 10 }
　　　　　充液筒→液控单向阀 12 } →上液压缸上腔。

回油路：上液压缸下腔→液控单向阀 11→三位四通液控换向阀 6（左位）→三位四通电液换向阀 14（中位）→油箱。

（2）慢速加压。

上滑块在运行中接触到工件，此时上液压缸上腔压力升高，液控单向阀 12 关闭，加压速度便由液压泵的流量来决定，其主油路油液的流动路线与快速下行是一样的。

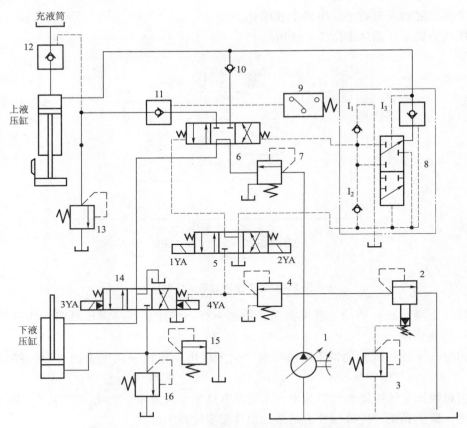

图 7 - 34　YB32 - 200 型压力机液压系统的工作原理

1—液压泵；2—安全阀；3—溢流阀（远程调压阀）；4—减压阀；5—三位四通电磁换向阀；
6—三位四通液控换向阀；7—顺序阀；8—预卸换向阀组；9—压力继电器；10—单向阀；
11，12—液控单向阀；13，16—安全阀；14—三位四通电液换向阀；15—溢流阀

（3）保压延时。

系统压力升高到使压力继电器 9 起作用，电磁铁 1YA 断电，作先导阀用的三位四通电磁换向阀 5 和三位四通液控换向阀 6 都处于中位，保压时间由时间继电器控制，可在 0～24 min 内调节。

保压时，液压泵在较低压力下卸荷，系统中没有油液流动。

卸荷油路：液压泵 1→顺序阀 7→三位四通液控换向阀 6（中位）→三位四通电液换向阀 14（中位）→油箱。

（4）卸压快速返回。

保压结束后，时间继电器发出信号，电磁铁 2YA 通电。为了防止保压状态向快速返回状态转变过快，在系统中引起压力冲击并使上滑块动作不平稳而设置了预卸换向阀组 8，它的功用是在电磁铁 2YA 通电后，其控制压力油必须在上液压缸上腔卸压后才能进入主换向阀右腔，使主换向阀 6 换向。

预卸换向阀组 8 的工作原理：在保压阶段，这个阀以上为接入系统，当电磁铁 2YA 通电时，控制油路中的压力油到达预卸换向阀组 8 阀芯的下端，但其上端的高压未卸除，阀芯不动。

液控单向阀 11 在控制压力低于主油路压力下打开，其油路的流动路线如下：

上液压缸上腔→液控单向阀 11→预卸换向阀组 8（上位）→油箱。

因此上液压缸上腔油液压力被卸掉，预卸换向阀组 8 的阀芯换向，下位接入系统，一方面切断上液压缸上腔通向油箱的通道，一方面使换向阀 6 换向到右位，液控单向阀 11 被打开。

进油路：液压泵 1→顺序阀 7→三位四通换向阀 6（右位）→液控单向阀 11→上液压缸下腔。

回油路：上液压缸上腔→液控单向阀 12→充液筒。

上滑块快速返回，从回油路进入充液筒的油液若超过预定位置，可从充液筒的溢流油管流回油箱。

上缸换向阀在由左位切换到中位时，阀芯右端由油箱经液控单向阀 11 补油；在右位转入中位时，阀芯右端的油经液控单向阀 12 流回油箱。

（5）原位停止。

原位挡块压下行程开关，电磁铁 2YA 断电，换向阀 5 和换向阀 6 均处于中位，上液压缸停止运动，液压泵在较低压力下卸荷，上滑块在液控单向阀 11 和安全阀 13 的支撑下悬空停止。

2）液压机下滑块（顶出缸）的顶出和返回

（1）下滑块向上顶出时，电磁铁 4YA 通电，油液的流动路线如下：

进油路：液压泵 1→顺序阀 7→三位四通换向阀 6（中位）→三位四通电液换向阀 14（右位）→下液压缸下腔。

回油路：下液压缸上腔→三位四通电液换向阀 14（右位）→油箱。

（2）下滑块向上移动至固定位置后便停留在这个位置上。

（3）向下退回是在电磁铁 4YA 断电、3YA 通电时，下滑块向下退回。

进油路：液压泵 1→顺序阀 7→三位四通换向阀 6（中位）→三位四通电液换向阀 14（左位）→下液压缸上腔。

回油路：下液压缸下腔→三位四通电液换向阀 14（左位）→油箱。

（4）原位停止时，电磁铁 3YA、4YA 均失电，系统中阀 16 为下缸安全阀，阀 15 为下缸溢流阀，由它可以调整顶出压力。

电磁铁及预卸阀动作循环如表 7－3 所示。

表 7－3　电磁铁及预卸阀动作循环

动作		1YA	2YA	3YA	4YA	预卸阀
上液压缸	快速下行	+	－	－	－	上
	慢速加压	+	－	－	－	上
	保压延时	－	－	－	－	上
	快速返回	－	+	－	－	下
	原位停止	－	－	－	－	上
下液压缸	向上顶出	－	－	－	+	上
	停留	－	－	－	+	上
	向下退回	－	－	+	－	上
	原位停止	－	－	－	－	上

3. 压力机液压系统的特点

压力机液压系统有下列几个特点：

（1）系统中使用轴向柱塞式高压变量泵，工作压力由远程调压阀3调定。

（2）顺序阀7调定压力为2.5 MPa，使泵的卸荷压力不致太低，以保证控制油路具有一定的工作压力。

（3）采用专用的预卸换向阀组8，实现上滑块快速返回前卸压，保证动作平稳，防止换向时产生液压冲击和噪声。

（4）利用管道和油液的弹性变形保压，方法简单，但对液控单向阀和液压缸等元件的密封性能要求较高。

（5）系统上、下两缸的协调动作由换向阀6和14的互锁来保证，一个缸必须在另一缸静止时才能动作。在拉伸操作中，为实现"压边"工步，上液压缸活塞必须推着下液压缸的活塞移动，这时上液压缸下腔的液压油进入下液压缸的上腔，而下液压缸下腔中的液压油则经过下液压缸溢流阀流回油箱。此时两缸虽然同时动作，但不存在动作不协调的问题。

（6）系统的两个液压缸各有一个安全阀进行过载保护。

四、任务实训

参观实训车间，认识数控机床、压力机等设备及其液压系统构建；认识系统中有哪些基本控制回路，并说明它们在系统中的作用。

五、技能点

（1）设备工况分析。

（2）分解基本回路。

六、知识拓展

专用机床液压系统

（一）概述

专用机床是根据某种或某一类产品的结构形式、工艺特点、生产纲领和质量要求而专门设计的加工机床，其主要适用于批量生产对质量要求较高的零件的加工。专用机床对控制的自动化程度较高，对顺序动作要求严格，有一定的速度要求。其液压系统一般由PLC控制，能方便实现电气自动化控制，其顺序动作由压力继电器给出信号，通过电磁换向阀切换来实现。

专用机床主轴由普通电动机驱动，液压系统主要承担工件定位、夹紧、切削进给的驱动与控制。C3U094专用机床液压系统使用叠加法系统，如图7-35所示。每一部分系统为一叠加元件控制，使系统具有简单、直观、便于维护的特点。系统采用变量泵供油，具有节能的特点，同时工作台的快速进给由变量泵和差动回路来实现，缩短了空行程的时间，提高了系统的效率。在夹紧回路和定位（挡料）回路中采用单向阀实现锁紧，避免快速进给或系统故障时对工件的有效定位和夹紧；采用二位四通带机械定位的换向阀，即使在控制系统出现故障或电磁铁断电的情况下也能保证夹紧不松开和定位的失效，同时也可避免安全事故的发生。进给（液压滑台）回路，采用进口节流调速回路，用背压阀在出油口形成一定背压，保证运动的平稳性，避免在加工结束时产生前冲现象。

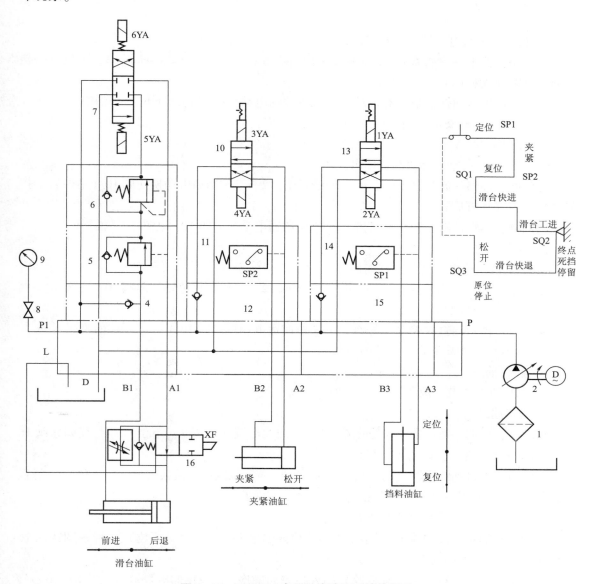

图 7-35 C3U094 专用机床液压系统的原理

1—滤油器；2—变量泵；3—单向阀（管式）；4，12，15—单向阀；5—外控单向顺序阀；

6—单向顺序阀（背压阀）；7—三位四通电液换向阀；8—截止阀（压力表开关）；9—压力表；

10，13—二位四通电动换向阀（机械定位）；11，14—压力继电器；16—行程调速阀

（二）系统工作原理及油液流动路线

1. 工件定位与复位

1）工件定位（挡料）

电磁铁1YA通电，挡料油缸缩回。

进油路：油箱→滤油器1→变量泵2→单向阀15→二位四通电动换向阀13（上位）→挡料油缸上腔（有杆腔）。

回油路：挡料油缸下腔（无杆腔）→二位四通电动换向阀13（上位）→油箱。

2）工件复位

电磁铁2YA通电，挡料油缸伸出。

进油路：油箱→滤油器1→变量泵2→单向阀15→二位四通电动换向阀13（下位）→挡料油缸下腔（无杆腔）。

回油路：挡料油缸上腔（有杆腔）→二位四通电动换向阀13（下位）→油箱。

2．工件夹紧与松开

1）工件夹紧

电磁铁3YA通电，夹紧油缸伸出。

进油路：油箱→滤油器1→变量泵2→单向阀12→二位四通电动换向阀10（上位）→挡料油缸右腔（无杆腔）。

回油路：挡料油缸左腔（有杆腔）→二位四通电动换向阀10（上位）→油箱。

2）工件松开

电磁铁4YA通电，夹紧油缸缩回。

进油路：油箱→滤油器1→变量泵2→单向阀12→二位四通电动换向阀10（下位）→挡料油缸左腔（有杆腔）。

回油路：挡料油缸右腔（无杆腔）→二位四通电动换向阀10（下位）→油箱。

3．工作台（液压滑台）前进与后退

1）滑台前进

电磁铁5YA通电，液压滑台油缸伸出。

（1）快速进给。

进油路：油箱→滤油器1→变量泵2→三位四通电液换向阀7（下位）→行程调速阀16中行程阀→滑台油缸右腔（无杆腔）。

回油路：滑台油缸左腔（有杆腔）→单向阀4→三位四通电液换向阀7（下位）→行程调速阀16中行程阀→滑台油缸右腔（无杆腔），实现差动。

（2）工作进给。滑台挡块压下行程阀。

进油路：油箱→滤油器1→变量泵2→三位四通电液换向阀7（下位）→行程调速阀16中调速阀→滑台油缸右腔（无杆腔）。

回油路：滑台油缸左腔（有杆腔）→外控单向顺序阀5→单向顺序阀（背压阀）6→三位四通电液换向阀7（下位）→油箱。

2）滑台后退

电磁铁6YA通电，换向阀换向，液压滑台油缸缩回。

进油路：油箱→滤油器1→变量泵2→三位四通电液换向阀7（上位）→单向顺序阀（背压阀）6→外控单向顺序阀5→滑台油缸左腔（有杆腔）。

回油路：滑台油缸右腔（无杆腔）→行程调速阀16→换向阀7（上位）→油箱。

C3U094专用机床液压系统工作电磁铁及行程阀动作如表7-4所示。

表 7-4　C3U094 专用机床液压系统工作电磁铁及行程阀动作

动作	1YA	2YA	3YA	4YA	5YA	6YA	SP1	SP2	SQ1	SQ2	SQ3	XF
挡料（定位）	+	-	-	-	-	-	+	-	-	-	+	-
工件夹紧	（+）	-	+	-	-	-	+	+	-	-	+	-
定位复位	-	+	（+）	-	-	-	-	+	+	-	-	-
滑台快进	-	（+）	（+）	-	+	-	-	-	+	-	-	-
滑台工进	-	（+）	（+）	-	+	-	-	+	+	-	-	+
终点死挡停留	-	（+）	（+）	-	+	-	-	+	+	+	-	+
滑台快速后退	-	（+）	（+）	-	-	+	-	+	+	-	-	（±）
原位停止	-	（+）	（+）	-	-	（+）	-	+	+	-	+	-
工件松开	-	（+）	-	+	-	（+）	-	-	+	-	+	-
总原位	-	-	-	-	-	-	-	-	+	-	+	-

习题与思考题

7-1　在液压系统中，压力控制回路主要有哪几种类型?

7-2　在液压系统中，速度控制回路主要有哪几种类型? 简述液压缸和液压马达的调速原理。

7-3　在液压系统中三种节流调速方法各有什么优缺点? 适用于什么场合?

7-4　在液压系统中，何谓容积调速? 指出其特点，说明各适用于什么场合。

7-5　在图 7-36 所示回路中，已知活塞运动时的负载 $F = 1.2$ kN，活塞面积 $A = 15 \times 10^{-4}$ m^2，溢流阀调整值为 $p_p = 4.5$ MPa，两个减压阀的调整值分别为 $p_{j1} = 3.5$ MPa 和 $p_{j2} = 2$ MPa，如油液流过减压阀及管路时的损失可略去不计，试确定活塞在运动时和停在终端位置处时，A、B、C 三点的压力值。要求的最小压差为 $\Delta p_{min} = 0.5$ MPa。

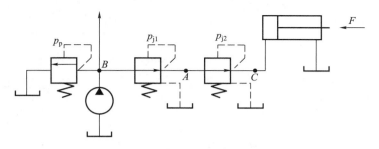

图 7-36　题 7-5 图

7-6　图 7-37 所示为实现"快进→一次工进→二次工进→快退→停止"工作循环的液压系统，试列出电磁铁动作顺序表。

7-7　如图 7-38 所示的液压系统是怎样工作的? 试按其动作循环表中的提示进行阅读，并将表 7-5 填写完整。

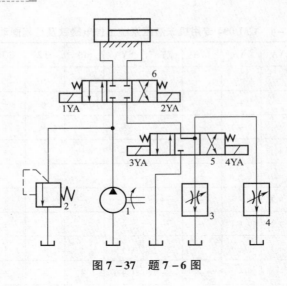

图 7 - 37 题 7 - 6 图

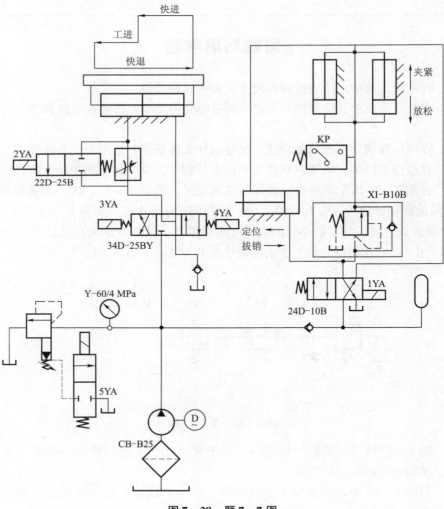

图 7 - 38 题 7 - 7 图

表 7 – 5 题 7 – 7 表

动作	1YA	2YA	3YA	4YA	5YA
定位夹紧					
快进					
工进					
快退					
松开拔销					
停止（泵卸荷）					

7 – 8 如图 7 – 39 所示的液压系统是怎样工作的？试按其动作循环表中的提示进行阅读，并将表 7 – 6 填写完整。

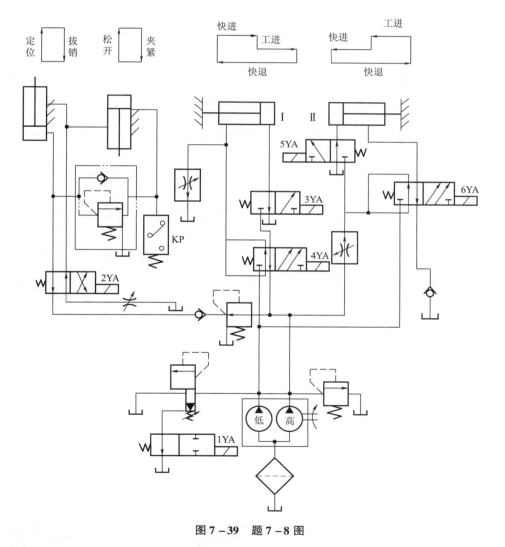

图 7 – 39 题 7 – 8 图

表 7 – 6　题 7 – 8 表

动作	1YA	2YA	3YA	4YA	5YA	6YA	KP	附注
定位夹紧								
快进								（1）Ⅰ、Ⅱ两回路各自进行独立循环动作，互不制约；
工进卸荷（低）								（2）4YA、6YA 中的任何一个通电，1YA 便通电；4YA、6YA 均断电时，1YA 才断电快进
快退								
松开拔销								
原位卸荷								

第八章 液压系统的安装与维护保养

任务导读

1. 管路安装。
2. 液压元件安装。
3. 液压系统维护保养。
4. 液压系统故障处理。

第一节 液压系统的安装与维护保养认知

一、任务引入

很多液压站及机床设备液压系统，如压铸机液压系统、大型提升机液压站等，在正常调试和具体使用过程中都会遇到这样或那样的故障。如油泵启动以后，经过 1~1.5 min，反复转动调压工作手柄，压力表指示仍为零，原因可能是油温太低或电动机反转导致油泵不上油；液压站油泵运转正常，比例溢流阀输入电压正常，但油压不上，或者液压站正常时工作油压忽高忽低不稳定或突然下降到零，其原因是比例溢流阀的电磁铁排气不充分或阀芯被污物卡死。这些液压系统安装、维护保养不当会使系统无法正常运行，给生产带来巨大的经济损失，甚至造成重大事故。因此，需进行液压系统正常的安装、维护保养处理。液压站的安装连接如图 8-1 所示。

图 8-1 液压站的安装连接

二、任务分析

机械设备液压系统的维护与保养主要包括日常检查，液压油的使用和维护，液压系统的安装、维护保养等。

三、基本知识

（一）液压系统的安装

液压系统的安装主要包括液压管路、液压元件及辅助元件的安装等内容。

1. 液压管路的安装

管道安装一般分为两次，第一次为预安装，第二次为正式安装。预安装是为正式安装做准备，是确保安装质量的必要步骤。

1）管路的选择与检查

在选择管路时，应根据系统的压力、流量以及工作介质、使用环境和元件、管接头的要求来选择适当的口径、壁厚、材质和管路。要求管道必须具有足够的强度，内壁光滑、清洁、无砂、无锈蚀、无氧化皮等缺陷，并且配管时应考虑管路的整齐美观以及安装、使用和维护工作的方便性。管路应尽可能短，这样可减少压力损失、延时、振动等现象。

检查管路时，若发现管路内外侧已腐蚀或有明显变色，管路被割口，壁内有小孔，管路表面凹入管路直径的 10% ~ 20%（不同系统要求不同），管路伤口裂痕深度为管路壁厚的 10% 以上等情况时均不能再使用。

长期存放的管路，若发现内部腐蚀严重，应用酸性溶液彻底冲洗内壁，并清洗干净，再检查其耐用程度。合格后，才能进行安装。

检查经加工弯曲的管路时，应注意管路的弯曲半径不应太小。因为弯曲曲率太大，将导致管路应力集中的增加，降低管路的疲劳强度，同时也最容易出现锯齿形皱纹。大截面的椭圆度不应超过 15%；弯曲处外侧壁厚的减薄量不应超过管路壁厚的 20%；弯曲处内侧部分不允许有扭伤、压坏或凹凸不平的皱纹。弯曲处内外侧部分都不允许有锯齿形或形状不规则的现象。扁平弯曲部分的最小外径应为原管外径的 70% 以下。

2）吸油管路的安装

安装吸油管路时应符合下列要求：

（1）吸油管路要尽量短，弯曲少，管径不能过细，以减少吸油管的阻力，避免吸油困难及产生吸空、气蚀现象。对于泵的吸程高度，各种泵的要求有所不同，但一般不超过 500 mm。

（2）吸油管应连接严密，不得漏气，以免使泵在工作时吸进空气，导致系统产生噪声，以致无法吸油（在泵吸口部分的螺纹法兰接合面上往往会由于小小的缝隙而进入空气）。因此，建议在泵吸油口处采用密封胶与吸油管路连接。

（3）一般在液压泵吸油管路上应安装滤油器，滤油器的通流能力至少相当于泵的额定流量的 2 倍，同时要考虑清洗时拆装方便。

（4）为了不使吸油管内产生气蚀，应将吸油管的管口插入最低油面以下，一般离油箱底面的距离为管子外径的 2 倍。

3）压油管的安装

压油管的安装位置应尽量靠近设备和基础，同时又要便于支管的连接和检修。为了防止压力油管振动，应将管路安装在牢固的地方，在振动的地方要加阻尼来消除振动，或将木块、硬橡胶的衬垫装在管夹上，使金属件不直接接触管路。

4）回油管的安装

安装回油管时应符合下列要求：

（1）执行机构的主回油路及溢流阀的回油管应伸到油箱液面以下，以防止油飞溅而混入气泡，同时回油管应切出朝向油箱壁的45°斜口。

（2）具有外部泄漏的减压阀、顺序阀、电磁阀等泄油口与回油管连通时不允许有背压，否则应将泄油口单独接回油箱，以免影响阀的正常工作。

（3）安装成水平面的油管，应有3/1 000～5/1 000的坡度，管路过长时，每500 mm应固定一个夹持油管的管夹。

5）管接头的安装

在漏油事故中，管接头安装不良占较大比例，所以对管接头的安装有一定要求。

（1）必须按设计图纸规定的接头进行安装。

（2）必须检查管接头的质量，发现有缺陷应更换。

（3）接头用煤油清洗，并用气吹净。

（4）接头体拧入油路板或阀体之前，将接头体的螺纹清洗干净，涂上密封胶或用聚四氟乙烯塑料带顺螺纹旋向缠上，以提高密封性，防止接头处外漏。但要注意，密封带的缠向必须顺着螺纹旋向，一般1～2圈。缠的层数太多，工作过程中接头容易松动，反而会漏油。若用流态密封胶作为螺纹扣与扣之间的填料，温度不得超过60 ℃，否则会熔化，使液体从扣中溢出。拧紧时用力不宜过大，特别是锥管螺纹接头体，拧紧力过大会产生裂缝，导致泄漏。

（5）接头体与管子端面应对准，不准有偏斜或弯曲现象，两平面接合良好后才能拧紧，并应有足够的拧紧力矩（或达到规定值），保证接合严密。

（6）要检查密封垫质量，若有缺陷应更换，装配时要细心，不准装错或安装时把密封垫损坏。

6）高压橡胶软管的安装

高压橡胶软管用于两个有相对运动的部件之间的连接，安装软管时应符合下列要求：

（1）要避免急转弯，其弯曲半径R应大于9～10倍外径，至少应在离接头6倍直径处弯曲。若弯曲半径只有规定的1/2，则不能使用，否则寿命将大大缩短。

（2）软管的弯曲同软管接头的安装应在同一运动平面上，以防扭转。若软管两端的接头需在两个不同的平面上运动，应在适当的位置安装夹子，把软管分成两部分，使每一部分在同一平面上运动。

（3）软管应有一定的余量，由于软管受压时要产生长度（长度变化约为14%）和直径的变化，因此在弯曲情况下使用不能马上从端部接头处开始弯曲；使用时，不要使端部接头和软管间受拉伸，所以要考虑长度上留有适当余量，使它保持松弛状态。

（4）软管在安装和工作时，不应有扭转现象；不应与其他管路接触，以免磨损破裂；在连接处应自由悬挂，避免受其自重而产生弯曲。

（5）由于软管在高温下工作时寿命短，所以应尽可能使软管安装在远离热源的地方，不得已时要装隔热板或隔热套。

（6）软管过长或承受急剧振动的情况下宜用夹子夹牢，但在高压下使用的软管应尽量少用夹子，因为软管受压变形，在夹子处会产生摩擦能量损失。

（7）软管要以最短距离或沿设备的轮廓安装，并尽可能平行排列。

（8）必须保证软管、接头与所处的环境条件相容，环境条件包括紫外线辐射、阳光、臭氧、水、盐水、化学物质、空气污染物等可能导致软管性能降低或引起早期失效的因素。

2. 液压元件的安装

元件在出厂时已经过质量检查和性能试验，并用塑料塞将各油口封死；所附一定数量的密封备件均放入塑料袋内包装发运；使用前，应检查合格证书、使用说明和备件是否齐全，并检查是否包装不善、破损或有异物，油口有无打开；安装前最好用煤油清洗一次。

1）液压泵的安装

（1）液压泵传动轴与电动机驱动轴同轴度偏差小于 0.1 mm，一般采用挠性联轴节连接，不允许用 V 带直接带动泵轴转动，以防泵轴受径向力过大，影响泵的正常运转。

（2）各类液压泵的吸油高度一般要小于 0.5 m。

（3）液压泵的旋转方向和进、出油口应按要求安装。

2）液压缸的安装

（1）选择合理的安装方式。

液压缸的安装方式很多，它们各自具有不同的特点。选择液压缸的安装方式，既要保证机械和液压缸自如地运动，又要使液压缸工作趋于稳定，并使安装部位处于有利的受力状态。工程机械、农用机械液压缸，为了取得较大的自由度，绝大多数都用轴线摆动式，即用耳环铰轴或球头等安装方式，如伸缩缸、变幅缸、翻斗缸、动臂缸、提升缸等。而金属切削机床的工作台液压缸用轴线固定式，即底脚、法兰等安装方式。

（2）保证足够的安装强度。

安装部件必须具有足够的强度。例如支座式液压缸的支座很单薄，刚性不足，即使安装得十分准确，但加压后缸筒向上挠曲，活塞就不能正常运动，甚至会发生活塞杆弯曲、折断等事故。

（3）尽量提高稳定性。

选择液压缸的安装方式时，应尽量使用稳定性较好的一种。如铰轴式液压缸头部铰轴的稳定性最好，尾部铰轴最差。

（4）确定合理的安装方向。

同一种安装方式，其安装方向不同，所受的力也不相同。如法兰式液压缸，有头部外法兰、头部内法兰、尾部外法兰、尾部内法兰四种形式。以活塞杆拉入为工作方向的液压缸，采用头部外法兰最好；以活塞杆推出为工作方向时，采用尾部外法兰最有利。在支座式液压缸中，受的倾覆力矩径向支座最小、切向支座较大、轴向支座最大，这都是应该考虑的。

3）液压阀的安装

（1）安装前，对拆封的液压阀件应仔细查验合格证书和审阅说明书，必要时对阀的压力和密封性进行校验。

（2）弄清楚阀的进油口和回油口的方位。

（3）阀的安装位置无特殊规定时，应安装在便于使用、维修的位置上。方向控制阀安装时应保持水平。

（4）用法兰安装的阀件，螺钉不能拧得过紧，以免造成密封不良。

（5）某些阀件开有便于制造和安装的孔，安装后应将无用孔堵死。

（6）有些阀件安装时若购置不到，则允许用通过流量超过额定流量 40% 的液压阀件代用。

（二）液压系统的维护保养

液压系统的维护保养有下列要求：

（1）液压站的调试及维修需要由专业人员操作，液压组件拆卸时应将零件放在干净的地方，且各个有密封的表面不能有划伤现象。

（2）在保证系统正常工作的条件下，液压泵的压力应尽量调得低些，背压阀的压力也尽可能调得低些，以减少能量损耗，减少发热。

（3）为了防止灰尘和水等落入油液，油箱周围应保持清洁，并应定期进行维护保养。在灰尘多的环境中，油箱应加盖密封。在油箱上面必须设置空气过滤器，以保持油箱内与大气相通。

（4）正确选择系统中所用油液的黏度，油液要定期检查，变质的油应更换。一般在累计工作 1 000 h 后，应当换油。

（5）液压系统用油，必须经过严格的过滤，在液压系统中应配置滤油器。

（6）油箱的液面要经常保持足够的高度，使系统中的油液有足够的循环冷却条件，并注意保持油箱、油管等设备的清洁，以利于散热。

（7）应尽量防止系统中各处的压力低于大气压力，同时应使用良好的密封装置。密封失效时应及时更换，管接头及各接合面处的螺钉都应拧紧，以防止空气进入液压系统。

（8）有水冷却器的系统，应保持冷却水量充足、管路畅通；有风冷却器的系统，应保持通风顺畅，防止油温过高。

（9）有回油过滤器的系统应定期（约一个月）清理滤芯，防止回油堵塞，严重时会造成液压组件或油泵破裂。

（10）系统中油泵的吸油过滤器必须定期（约一个月）清理附着杂物，防止油泵吸油不足产生噪声、系统压力上不去等故障。

（三）液压油的使用和维护

1. 液压油的使用

合理选择液压油仅是液压设备工作的起点，液压油在工作过程中的管理维护也十分重要。液压站内的液压油使用一段时间后经常出现油液污染、含水量增加、液压油出现乳化及温度升高等问题。

油液污染尤其是油氧化污染物容易造成冷却系统及过滤器堵塞而导致油温升高，故应避免脏物进入液压站油箱。同时，要定期清洗油过滤器，保持液压系统洁净。要选择具有合适的黏度、良好的黏温性能、抗氧化性能好的液压油，以保证液压元件在工作压力和工作温度发生变化的条件下得到良好的润滑、冷却和密封。油的黏度低，油更容易在连接部分渗出。当液压系统有水时会在循环系统中生锈，锈会导致阀和系统出现问题，也会加速油的氧化。因此保持低温和油清洁是避免油泄漏的常用方法。

2. 液压油的维护方法

（1）防止液压油被污染，选用液压油真空滤油机对液压油进行过滤。

（2）检查液压缸等元件内液压油的温度。油温太低，低于 20 ℃时，要用启动伴热系统，对液压油进行加热，使液压油的温度达到正常的开车范围；油温过高，超过 70 ℃时，应设法冷却，使液压油的黏度降低，保证液压系统的压力。

（3）检查液压油管路中是否有漏油的地方，如果有，要尽快排除并修复渗漏的地方，也可以更换液压油。

四、任务实训

（一）液压泵的维护保养

系统的效率主要取决于液压泵的容积效率，当容积效率下降到72%时，就需要进行常规维修，更换轴承和老化的密封件，更要修复超出摩擦副配合间隙或更换配件，使其性能得到恢复。以柱塞泵为例，介绍液压泵的维修方式。

直轴斜盘式柱塞泵分为压力供油型和自吸油型两种。压力供油型液压泵大多采用有气压的油箱，也有液压泵本身带有补油分泵向液压泵进油口提供压力油的。自吸油型液压泵的自吸油能力很强，无须外力供油。气压供油的液压油箱，在每次启动机器后，必须等液压油箱达到使用气压后才能操作机械。如液压油箱的气压不足就工作，会对液压泵内的滑履造成拉脱现象，导致泵体内回程板与压板的非正常磨损。采用补油泵供油的柱塞泵，使用后，操作人员每日需对柱塞泵检查1~2次，检查液压泵运转声响是否正常。如发现液压缸速度下降或闷车，则应该对补油泵解体检查。

自吸油型柱塞泵，液压油箱内的油液不得低于油标下限，要保持足够数量的液压油。液压油的清洁度越高，液压泵的使用寿命越长。

（二）液压缸的维护保养

液压缸对于液压机非常重要，只有维护好液压缸，设备的生产才能顺利进行，获得更大的经济效益。下面简单介绍如何对液压缸进行维护保养。

1. 密封件的检查与维护

活塞密封是防止液压缸内泄的主要零件。密封件应重点检查唇边有无伤痕和磨损情况，对组合密封应重点检查密封面的磨损量，然后判定密封件是否可以使用，另外还需检查活塞与活塞杆件静密封圈有无挤伤情况。活塞杆密封应重点检查密封件和支承环的磨损情况，一旦发现密封件和导向支承环存在缺陷，应根据被修液压缸密封件的结构形式，选用相同的结构形式和适宜材料的密封件进行更换，这样能最大限度地降低密封件与密封表面之间的油膜厚度，减少密封件的泄漏量。

2. 缸筒的检查与维护

液压缸缸筒内表面与活塞密封是引起液压缸内泄的主要因素，如果缸筒内产生纵向拉痕，即使更换新的活塞密封，也不能有效地排除故障。缸筒内表面主要检查尺寸公差和形位公差是否满足技术要求，有无纵向拉痕，并测量纵向拉痕的深度，以便采取相应的解决方法。

3. 活塞杆、导向套的检查与维护

活塞杆与导向套间的相对运动副是引起外漏的主要因素，如果活塞杆表面镀铬层因磨损而剥落或产生纵向拉痕，则将直接导致密封件失效。因此，应重点检查活塞杆的表面粗糙度和形位公差是否满足技术要求，如活塞杆弯曲，应校直并达到要求或按实物进行测绘。如果活塞杆表面镀层磨损、划伤、局部剥落，则可采取抹去镀层，重新镀表面的加工处理工艺。

（三）液压阀的维护保养

随着液压阀使用时间的延长，出现故障或失效是必然的。液压阀的故障或失效主要是因磨损、气蚀等因素造成的配合间隙过大、液压阀泄漏以及由液压油污染物沉积，最终导致液压阀阀芯动作失常或卡紧。

当液压阀出现故障或失效后，多数企业采用更换新元件的方式恢复液压系统功能，失效的液压阀则成为废品。事实上，这些液压阀的多数部位尚处于完好状态，经局部维修后即可恢复功能。研究液压阀维修的意义还不仅仅是节省元件购置费用，当失效的液压阀没有备件或订购需要很长时间，而设备可能因此长期停机时，通过维修可以暂时维持设备乃至整个生产线的运行，其经济效益则相当可观。在液压阀维修实践中，常用的修复工艺有液压阀清洗、零件组合选配等，现介绍如下。

1. 液压阀清洗

拆卸清洗是液压阀维修的第一道工序。对于因液压油污染造成油污沉积，或由液压油中的颗粒状杂质导致的液压阀故障，经拆卸清洗后一般能够排除故障，恢复液压阀的功能。常见的清洗工艺包括：

1）拆卸

虽然液压阀的各零件之间多为螺栓连接，但液压阀设计是面向非拆卸的。如果没有专用设备或专业技术，强行拆卸极有可能造成液压阀损害。因此拆卸前要掌握液压阀的结构和零件间的连接方式，且拆卸时应记录各零件间的位置关系。

2）检查清理

检查阀体、阀芯等零件的污垢沉积情况，在不损伤工作表面的前提下，用棉纱、毛刷、非金属刮板清除集中污垢。

3）粗洗

将阀体、阀芯等零件放在清洗箱的托盘上，加热浸泡，将压缩空气通入清洗槽底部，通过气泡的搅动作用清洗掉残存污物，有条件的可采用超声波清洗。

4）精洗

用清洗液高压定位清洗，最后用热风干燥。有条件的企业可以使用现有的清洗剂，个别场合也可以使用有机清洗剂，如柴油、汽油等。

5）装配

依据液压阀装配示意图或拆卸时记录的零件装配关系装配，装配时要小心，不要碰伤零件。原有的密封材料在拆卸中容易损坏，应在装配时更换。

清洗时应注意以下问题：

（1）对于沉积时间长、粘贴牢固的污垢，清理时不要划伤配合表面。

（2）加热时注意安全。某些无机清洗液有毒性，加热挥发可使人中毒，应当慎重使用；有机清洗液易燃，应注意防火。

（3）选择清洗液时应注意其腐蚀性，避免对阀体造成腐蚀。

（4）清洗后的零件要注意保存，以避免锈蚀或再次污染。

（5）装配好的液压阀经试验合格后方能投入使用。

2. 零件组合选配维修法

液压阀制造过程中，为提高装配精度多采用选配方法，即对一批加工完毕的零件，如阀体和阀芯，依据实际尺寸选择配合间隙最为恰当的一对进行装配，以保证良好的阀芯滑动和密封性能。也就是说，同一类型的液压阀，阀芯与阀体的配合尺寸有一定的差异。当某一种失效液压阀的数量较多时，可以将所有阀拆卸清洗，检查、测量各零件，依据检测结果将零件归类，重新进行组合选配。

五、技能点

在实验室按技术要求操作完成液压系统各部分的安装及维护保养。

日常维护保养注意事项：

（1）日常检查产品的紧固件，如螺钉等是否松动，检查安装管路接口等是否漏油。

（2）检查油封的清洁。需经常清洁油封处，以防止影响机械的使用寿命。

（3）推荐首次工作满 500 h 后更换液压油。液压油更换的最大周期为 2 000 h，带空气过滤器的最大更换周期为 500 h。

（4）为使液压元件使用寿命最优化，应定期更换液压油及过滤器。液压污染是液压元件损坏的主要原因，日常保养及维修时应保持液压油清洁。

（5）日常使用应检查液压油箱油位是否满足要求，同时检查液压油含水情况及是否存在异常气味。液压油含水时，油液混浊或呈牛奶状，或在油箱底部有水珠沉淀；油液存在恶臭时，表明液压油工作温度过高。当有上述情况发生时，应立即更换液压油，同时找出问题产生的原因并解决。

（6）试运行和运行期间，液压元件必须充满液压油并排净空气。经过较长时间的停机后，需要进行注油和排气操作，因为系统可能会通过液压管路泄油。

（7）污染对液压元件有致命的损坏，要保证保养和维修的工作环境清洁。在开始保养或者维修前，应对泵或马达进行彻底清洗。

（8）定期根据推荐的标准更换系统的液压油及过滤器，确保系统高效安全地运行；定期更换易损零件。

六、知识拓展

（一）液压系统常见故障的诊断方法

液压设备是由机械、液压、电气等装置组合而成的，故出现的故障也是多种多样的。某一种故障现象可能是由多种因素影响后造成的，因此分析液压故障必须能看懂液压系统原理图，对原理图中各个元件的作用有一个大体的了解，然后根据故障现象进行分析、判断，针对多种因素引起的故障原因需逐一进行分析，抓住主要矛盾，才能较好地解决和排除故障。液压系统中工作液在元件和管路中的流动情况，外界是很难了解到的，所以给分析、诊断带来了较多的困难，因此要求人们具备较强的分析、判断故障的能力，即在机械、液压、电气诸多复杂的关系中找出故障原因和部位，并及时、准确地加以排除。

1. 简易故障诊断法

简易故障诊断法是目前采用最普遍的方法，它是维修人员凭个人的经验，利用简单仪表，根据液压系统出现的故障，客观地采用问、看、听、摸、闻等方法了解系统工作情况，进行分析、诊断，确定产生故障的原因和部位。具体做法如下：

（1）询问设备操作者，了解设备运行状况。其中包括：液压系统工作是否正常；液压泵有无异常现象；液压油检测清洁度的时间及结果；滤芯清洗和更换情况；发生故障前是否对液压元件进行了调节；是否更换过密封元件；故障前后液压系统出现过哪些不正常现象；过去该系统出现过什么故障，是如何排除的，等等，需逐一进行了解。

（2）看液压系统工作的实际状况，观察系统压力、速度、油液、泄漏、振动等是否存在问题。

（3）听液压系统的声音，如冲击声、泵的噪声及异常声，判断液压系统工作是否正常。

（4）摸温升、振动、爬行及连接处的松紧程度，判定运动部件工作状态是否正常。

总之，简易诊断法只是一个简易的定性分析，对快速判断和排除故障具有较广泛的适用性。

2. 液压系统原理图分析法

根据液压系统原理图分析液压传动系统出现的故障，找出故障产生的部位及原因，并提出排除故障的方法。液压系统原理图分析法是目前工程技术人员应用最为普遍的方法，它要求人们对液压知识具有一定的基础并能看懂液压系统图，掌握各图形符号所代表元件的名称、功能，对元件的原理、结构及性能也应有一定的了解。有这样的基础，并结合动作循环表对照分析，判断故障就很容易了。

3. 其他分析法

液压系统发生故障时，往往不能立即找出故障发生的部位和根源，为了避免盲目性，人们必须根据液压系统原理进行逻辑分析或采用因果分析等方法逐一排除，最后找出发生故障的部位，这就是用逻辑分析的方法查找故障。为了便于应用，故障诊断专家设计了逻辑流程图或其他图表对故障进行逻辑判断，为故障诊断提供了方便。

（二）故障原因及消除方法

1. 系统噪声、振动大的原因及消除方法

系统噪声、振动大的原因及消除方法如表 8 - 1 所示。

表 8 - 1　系统噪声、振动大的原因及消除方法

故障现象及原因	消除方法	故障现象及原因	消除方法
泵中噪声、振动，引起管路、油箱共振	在泵的进、出油口用软管连接	管道内油流激烈流动的噪声	加粗管道，使流速控制在允许范围内
	泵不要装在油箱上，应将电动机和泵单独装在底座上，和油箱分开		少用弯头，多采用曲率小的弯管
	加大液压泵，降低电动机转速		采用胶管
	在泵的底座和油箱下面塞防振材料		油流紊乱处不采用直角弯头或三通接头
	选择低噪声泵，采用立式电动机将液压泵浸在油液中		采用消声器、蓄能器等
阀弹簧引起的系统共振	改变弹簧的安装位置	油箱有共鸣声	增厚箱板
	改变弹簧的刚度		在侧板、底板上增设肋板
	把溢流阀改成外部泄油形式		改变回油管末端的形状或位置
	采用遥控的溢流阀	阀换向产生的冲击噪声	降低电液阀换向的控制压力
	完全排出回路中的空气		在控制管路或回油管路上增设节流阀
	改变管道的长短、粗细、材质、厚度等		选用带先导卸荷功能的元件
	增加管夹，使管道不致振动		采用电气控制方法，使两个以上的阀不能同时换向
	在管道的某一部位装上节流阀	溢流阀、卸荷阀、液控单向阀、平衡阀等工作不良引起的管道振动和噪声	适当处装上节流阀
空气进入液压缸引起的振动	很好地排出空气		改变外泄形式
	对液压缸活塞、密封衬垫涂上二硫化钼润滑脂即可		对回路进行改造
			增设管夹

2. 系统压力不正常的原因及消除方法

系统压力不正常的原因及消除方法如表8-2所示。

表8-2 系统压力不正常的原因及消除方法

故障现象及原因		消除方法
压力不足	溢流阀、旁通阀损坏	修理或更换
	减压阀设定值太低	重新设定
	集成通道块设计有误	重新设计
	减压阀损坏	修理或更换
	泵、马达或缸损坏，内泄大	修理或更换
压力不稳定	油中混有空气	堵漏，加油，排气
	溢流阀磨损，弹簧刚性差	修理或更换
	油液污染，堵塞阀阻尼孔	清洗，换油
	蓄能器或充气阀失效	修理或更换
	泵、马达或缸磨损	修理或更换
压力过高	减压阀、溢流阀或卸荷阀设定值不对	重新设定
	变量机构不工作	修理或更换
	减压阀、溢流阀或卸荷阀堵塞或损坏	清洗或更换

3. 液压泵常见故障及消除方法

液压泵常见故障及消除方法如表8-3所示。

表8-3 液压泵常见故障及消除方法

故障现象			原因分析	消除方法
泵不输油	泵不转	电动机轴未转动	未接通电源	检查电气并排除故障
			电气线路及元件故障	
		电动机发热跳闸	溢流阀调压过高，超载荷后闷泵	调节溢流阀压力值
			溢流阀阀芯卡死，阀芯中心油孔堵塞或溢流阀阻尼孔堵塞造成超压不溢流	检修阀芯
			泵出口单向阀装反或阀芯卡死而闷泵	检修单向阀
			电动机故障	检修或更换电动机
		泵轴或电动机轴上无连接键	折断	更换键
			漏装	补装键

续表

故障现象	原因分析			消除方法
泵不输油	泵不转	泵内部滑动副卡死	配合间隙太小	拆开检修，按要求选配间隙
			零件精度差，装配质量差，齿轮与轴同轴度偏差太大；柱塞头部卡死；叶片垂直度差；转子摆差太大，转子槽有伤口或叶片有伤痕，受力后断裂而卡死	更换零件，重新装配，使配合间隙达到要求
			油液太脏	检查油质，过滤或更换油液
			油温过高使零件热变形	检查冷却器的冷却效果，检查油箱油量并加油至油位线
			泵的吸油腔进入脏物而卡死	拆开清洗并在吸油口安装吸油过滤器
	泵反转	电动机转向不对	电气线路接错	纠正电气线路
			泵体上旋向箭头错误	纠正泵体上旋向箭头
	泵不吸油		油箱油位过低	加油至油位线
			吸油过滤器堵塞	清洗滤芯或更换
			泵吸油管上阀门未打开	检查打开阀门
			泵或吸油管密封不严	检查和紧固接头处，紧固泵盖螺钉，在泵盖接合处和接头连接处涂上油脂，或先向泵吸油口灌油
			泵吸油高度超标准且吸油管细长并弯头太多	降低吸油高度，更换管子，减少弯头
			吸油过滤器过滤精度太高，或通油面积太小	选择合适的过滤精度，加大滤油器规格
			油的黏度太高	检查油的黏度，更换适宜的油液，冬季要检查加热器的效果
			叶片泵叶片未伸出，或卡死	拆开清洗，合理选配间隙，检查油质，过滤或更换油液
			叶片泵变量机构动作不灵，使偏心量为零	更换或调整变量机构
			柱塞泵变量机构失灵，如加工精度差，装配不良，配合间隙太小，泵内部摩擦阻力太大，伺服活塞、变量活塞及弹簧芯轴卡死，通向变量机构的个别油道有堵塞，以及油液太脏，油温太高，零件热变形等	拆开检查，修配或更换零件，合理选配间隙；过滤或更换油液；检查冷却器效果；检查油箱内的油位并加至油位线
			柱塞泵缸体与配油盘之间不密封（如柱塞泵中心弹簧折断）	更换弹簧
			叶片泵配油盘与泵体之间不密封	拆开清洗并重新装配

故障现象	原因分析			消除方法
泵噪声大	吸空现象严重	吸油过滤器有部分堵塞，吸油阻力大		清洗或更换过滤器
		吸油管距油面较近		适当加长调整吸油管长度或位置
		吸油位置太高或油箱液位太低		降低泵的安装高度或提高液位高度
		泵和吸油管口密封不严		检查连接处和接合面的密封，并紧固
		油的黏度过高		检查油质，按要求选用油的黏度
		泵的转速太高（使用不当）		控制在最高转速以下
		吸油过滤器通过面积过小		更换通油面积大的过滤器
		非自吸泵的辅助泵供油量不足或有故障		修理或更换辅助泵
		油箱上空气过滤器堵塞		清洗或更换空气过滤器
		泵轴油封失效		更换油封
	吸入气泡	油液中溶解一定量的空气，在工作过程中又生成的气泡		在油箱内增设隔板，将回油经过隔板消泡后再吸入，油液中加消泡剂
		回油涡流强烈生成泡沫		吸油管与回油管要隔开一定距离，回油管口要插入油面以下
		管道内或泵壳内存有空气		进行空载运转，排出空气
		吸油管浸入油面的深度不够		加长吸油管，往油箱中注油使其液面升高
	液压泵运转不良	泵内轴承磨损严重或破损		拆开清洗，更换
		泵内部零件破损或磨损	定子环内表面磨损严重	更换定子圈
			齿轮精度低，摆差大	研配修复或更换
	泵的结构因素	困油严重产生较大的流量脉动和压力脉动	卸荷槽设计不佳	改进设计，提高卸荷能力
			加工精度差	提高加工精度
		变量泵变量机构工作不良（间隙过小、加工精度差、油液太脏等）		拆开清洗、修理，并重新装配达到性能要求；过滤或更换油液
		双级叶片泵的压力分配阀工作不正常（间隙过小、加工精度差、油液太脏等）		拆开清洗、修理，重新装配达到性能要求；过滤或更换油液
	泵安装不良	泵轴与电动机轴同轴度差		重新安装达到技术要求，同轴度一般应达到 0.1 mm 以内
		联轴器安装不良，同轴度差并有松动		重新安装达到技术要求，并用顶丝紧固联轴器

4. 液压缸常见故障及消除方法

液压缸常见故障及消除方法如表8-4所示。

表8-4　液压缸常见故障及消除方法

故障现象	原因分析			消除方法
活塞杆不能动作	压力不足	油液未进入液压缸	换向阀未换向	检查换向阀未换向的原因并排除
			系统未供油	检查液压泵和主要液压阀的故障原因并排除
		虽有油，但没有压力	系统有故障，主要是泵或溢流阀有故障	检查泵或溢流阀的故障原因并排除
			内部泄漏严重，活塞与活塞杆松脱，密封件损坏严重	紧固活塞与活塞杆并更换密封件
		压力达不到规定值	密封件老化、失效，密封圈唇口装反或有破损	更换密封件，并正确安装
			活塞环损坏	更换活塞环
			系统调定压力过低	重新调整压力，直至达到要求值
			压力调节阀有故障	检查原因并排除
			通过调整阀的流量过小，液压缸内泄漏量增大时，流量不足，造成压力不足	调整阀的通过流量必须大于液压缸内泄漏量
	压力已达到要求但仍不动作	液压缸结构上的问题	活塞端面与缸筒端面紧贴在一起，工作面积不足，故不能启动	端面上要加一条通油槽，使工作液体迅速流进活塞的工作端面
			具有缓冲装置的缸筒上单向阀回路被活塞堵住	缸筒的进、出油口位置应与活塞端面错开
		活塞杆移动"别劲"	缸筒与活塞、导向套与活塞杆配合间隙过小	检查配合间隙，并配研到规定值
			活塞杆与夹布胶木导向套之间的配合间隙过小	检查配合间隙，修刮导向套孔，达到要求的配合间隙
			液压缸装配不良（如活塞杆、活塞和缸盖之间同轴度差，液压缸与工作台平行度差）	重新装配和安装，不合格零件应更换
		液压回路引起的原因，主要是液压缸背压腔油液未与油箱相通，回油路上的调速阀节流口调节过小或连通回油的换向阀未动作		检查原因并消除

5. 压力阀常见故障及消除方法

压力阀常见故障及消除方法如表8－5所示。

表8－5 压力阀常见故障及消除方法

故障现象			原因分析	消除方法
调不上压力	主阀故障		主阀芯阻尼孔堵塞（装配时主阀芯未清洗干净，油液过脏）	清洗阻尼孔使之畅通；过滤或更换油液
			主阀芯在开启位置卡死（如零件精度低、装配质量差、油液过脏等）	拆开检修，重新装配；阀盖紧固螺钉拧紧力要均匀；过滤或更换油液
			主阀芯复位弹簧折断或弯曲，使主阀芯不能复位	更换弹簧
	先导阀故障		调压弹簧折断	更换弹簧
			调压弹簧未装	补装
			锥阀或钢球未装	补装
			锥阀损坏	更换锥阀
	远控口电磁阀故障或远控口未加丝堵而直通油箱		电磁阀未通电（常开）	检查电气线路接通电源
			滑阀卡死	检修，更换
			电磁铁线圈烧毁或铁芯卡死	更换
			电气线路故障	检修
	装错		进出油口安装错误	纠正
	液压泵故障		滑动副之间间隙过大（如齿轮泵、柱塞泵）	修配间隙到适宜值
			叶片泵的多数叶片在转子槽内卡死	清洗，修配间隙达到适宜值
			叶片和转子方向装反	纠正方向
压力调不高	主阀故障（若主阀为锥阀）	主阀芯锥面封闭性差	主阀芯锥面磨损或不圆	更换并配研
			阀座锥面磨损或不圆	更换并配研
			锥面处有脏物黏住	清洗并配研
			主阀芯锥面与阀座锥面不同心	修配使之接合良好
			主阀芯工作有卡滞现象，阀芯不能与阀座严密接合	修配使之接合良好
		主阀压盖处有泄漏	密封垫损坏	拆开检修，更换密封垫
			装配不良	重新装配
			压盖螺钉有松动	确保螺钉拧紧力均匀
	先导阀故障		调压弹簧弯曲，或太弱，或长度过短	更换弹簧
			锥阀与阀座接合处封闭性差（如锥阀与阀座磨损、锥阀接触面不圆、接触面太宽进入脏物或被胶质黏住）等	检修、更换、清洗，使之达到要求
压力突然升高	主阀故障		主阀芯工作不灵敏，在关闭状态突然卡死（如零件加工精度低、装配质量差、油液过脏等）	检修、更换零件；过滤或更换油液
	先导阀故障		先导阀阀芯与阀座接合面突然黏住，脱不开	清洗、修配或更换油液
			调压弹簧弯曲造成卡滞	更换弹簧

故障现象		原因分析		消除方法
压力突然下降	主阀故障	主阀芯阻尼孔突然被堵死		清洗，过滤或更换油液
		主阀芯工作不灵敏，在关闭状态突然卡死（如零件加工精度低、装配质量差、油液过脏等）		检修、更换零件，过滤或更换油液
		主阀盖处密封垫突然破损		更换密封件
	先导阀故障	先导阀阀芯突然破裂		更换阀芯
		调压弹簧突然折断		更换弹簧
	远控口电磁阀故障	电磁铁突然断电，使溢流阀卸荷		检查电气故障并消除
压力波动（不稳定）	主阀故障	主阀芯动作不灵活，有时有卡住现象		检修、更换零件，压盖螺钉拧紧力应均匀
		主阀芯阻尼孔有时堵有时通		拆开清洗，检查油质，更换油液
		主阀芯锥面与阀座锥面接触不良，磨损不均匀		修配或更换零件
		阻尼孔径太大，造成阻尼作用差		适当缩小阻尼孔径
	先导阀故障	调压弹簧弯曲		更换弹簧
		锥阀与锥阀座接触不良，磨损不均匀		修配或更换零件
		调节压力的螺钉由于锁紧螺母松动而使压力变动		调压后应把锁紧螺母锁紧

6. 流量阀常见故障及消除方法

流量阀常见故障及消除方法如表8－6所示。

表8－6　流量阀常见故障及消除方法

故障现象		原因分析		消除方法
调整节流阀手柄无流量变化	压力补偿阀不动作	压力补偿阀芯在关闭位置上卡死	阀芯与阀套几何精度差，间隙太小	检查精度，修配间隙达到要求，移动灵活
			弹簧侧向弯曲、变形而使阀芯卡住	更换弹簧
			弹簧太弱	更换弹簧
	节流阀故障	油液过脏，使节流口堵死		检查油质，过滤油液
		手柄与节流阀芯装配位置不合适		检查原因，重新装配
		节流阀阀芯上连接失落或未装键		更换键或补装键
		节流阀阀芯因配合间隙过小或变形而卡死		清洗，修配间隙或更换零件
		调节杆螺纹被脏物堵住，造成调节不良		拆开清洗
	系统未供油	换向阀阀芯未换向		检查原因并消除

续表

故障现象	原因分析			消除方法
执行元件运动速度不稳定 (流量不稳定)	压力补偿阀故障	压力补偿阀阀芯工作不灵敏	阀芯有卡死现象	修配，达到移动灵活
			补偿阀的阻尼小孔时堵时通	清洗阻尼孔，若油液过脏应更换
			弹簧侧向弯曲、变形，或弹簧端面与弹簧轴线不垂直	更换弹簧
		压力补偿阀阀芯在全开位置上卡死	补偿阀阻尼小孔堵死	清洗阻尼孔，若油液过脏应更换
			阀芯与阀套几何精度差，配合间隙过小	修配，达到移动灵活
			弹簧侧向弯曲、变形而使阀芯卡住	更换弹簧
	节流阀故障		节流口处积有污物，造成时堵时通	拆开清洗，检查油质，若油质不合格应更换
			简式节流阀外载荷变化引起流量变化	对外载荷变化大的或要求执行元件运动速度非常平稳的系统，应改用调速阀
	油液品质劣化		油温过高，造成通过节流口流量变化	检查温升原因，降低油温，并控制在要求范围内
			带有温度补偿的流量控制阀的补偿杆敏感性差，已损坏	选用对温度敏感性强的材料做补偿杆，坏的应更换
			油液过脏，堵死节流口或阻尼孔	清洗，检查油质，不合格的应更换
	单向阀故障		在带单向阀的流量控制阀中，单向阀的密封性不好	研磨单向阀，提高密封性
	管路振动		系统中有空气	应将空气排净
			由于管路振动使调定的位置发生变化	调整后用锁紧装置锁住
	泄漏		内泄和外泄使流量不稳定，造成执行元件工作速度不均匀	消除泄漏，或更换元件

习题与思考题

8-1 液压系统中油管安装应注意哪些事项？

8-2 在日常维修保养液压系统时应注意什么？

8-3 如何对液压缸进行维护保养？

第九章　气压传动认知

第一节　认识气压传动工作

任务导读

1. 气压传动的工作原理。
2. 气压传动系统的组成与作用。
3. 气压传动的特点。
4. 气源装置的组成。

一、任务引入

公共汽车车门的开启与关闭一般有电动控制和气动控制两种方式。图 9 - 1 所示为公共汽车车门示意图。气动控制的公共汽车车门的开启与关闭动作是通过汽车发动机驱动空气压缩机将空气压缩到储气罐中，利用储气罐中的压缩空气来实现的。那么，这样的控制系统是由哪些部分组成的？它们又是怎样工作的？

图 9 - 1　公共汽车车门示意图

二、任务分析

控制公共汽车车门开启与关闭动作的气动系统，需要能够改变执行机构的运动方向，以实现车门的开启和关闭动作，同时还要能够实现对车门开启和关闭速度的调节。因此，在气压传动系统中需要相应的元件来完成这些控制功能。

三、基本知识

（一）气压传动系统的工作原理

气压传动简称气动，它是流体传动及控制学科的重要分支。从公共汽车车门的气动控制系统可以看出，气压传动系统的工作原理是利用空气压缩机将电动机或其他原动机输出的机械能转变为空气的压力能，然后在控制元件的控制和辅助元件的配合下通过执行元件把空气的压力能转变为机械能，从而完成直线或回转运动并对外做功，进而控制和驱动各种机械设备，以实现生产过程机械化和自动化。

（二）气压传动系统的组成

气压传动系统的组成如图 9 - 2 所示。

与液压传动系统类似，典型的气压传动系统一般由以下几部分组成。

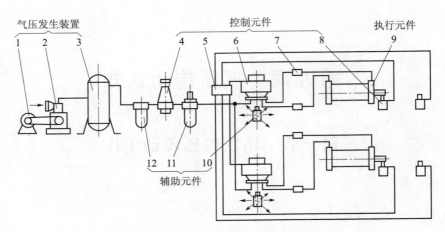

图 9 - 2 气压传动系统的组成

1—电动机;2—空气压缩机;3—储气罐;4—压力控制阀;5—逻辑元件;6—方向控制阀;7—流量控制阀;

8—机控阀;9—气缸;10—消声器;11—油雾器;12—空气过滤器

1. 气压发生装置

气压发生装置把原动机输出的机械能转变为空气的压力能,其主要设备是空气压缩机。

2. 控制元件

控制元件用来控制压缩空气的压力、流量和流动方向,以保证执行元件具有一定的输出力和速度,并按设计的程序正常工作。控制元件包括压力阀、流量阀、方向阀和逻辑阀等。

3. 执行元件

执行元件是将空气的压力能转变为机械能的能量转换装置,如气缸和气马达。

4. 辅助元件

辅助元件是用于辅助保证气动系统正常工作的一些装置,如过滤器、干燥器、空气过滤器、消声器和油雾器等。

(三) 气压传动系统的特点

气压传动是以压缩空气为工作介质来传递动力和控制信号的。因为以压缩空气为工作介质,具有防火、防爆、防电磁干扰,抗振动、冲击、辐射,无污染,结构简单,工作可靠等特点,所以气动技术与液压、机械、电气和电子技术一起,互相补充,已发展成为实现生产过程自动化的一个重要手段,在机械工业、冶金工业、轻纺食品工业、化工、交通运输、航空航天、国防建设等各个行业已得到广泛的应用。

1. 气压传动的优点

气压传动有下列优点:

(1) 空气随处可取,取之不尽,节省了购买、储存、运输介质的费用和麻烦;用后的空气可直接排入大气,对环境无污染,处理方便,不必设置回收管路,因而也不存在介质变质、补充和更换等问题。

(2) 因空气黏度小(约为液压油的万分之一),在管内流动阻力小,压力损失小,便于集中供气和远距离输送,即使有泄漏,也不会像液压油一样污染环境。

(3) 与液压相比,气动反应快,动作迅速,维护简单,管路不易堵塞。

（4）气动元件结构简单，制造容易，适于标准化、系列化、通用化。

（5）气动系统对工作环境适应性好，特别是在易燃、易爆、多尘埃、强磁、辐射、振动等恶劣工作环境中工作时，安全可靠性优于液压、电子和电气系统。

（6）空气具有可压缩性，使气动系统能够实现过载自动保护，也便于储气罐储存能量，以备急需。

（7）排气时气体因膨胀而温度降低，因而气动设备可以自动降温，长期运行也不会发生过热现象。

2．气压传动的缺点

气压传动有下列缺点：

（1）空气具有可压缩性，当载荷变化时，气动系统的动作稳定性差，但可以采用气液联动装置解决此问题。

（2）工作压力较低（一般为 0.4～0.8 MPa），又因结构尺寸不宜过大，因而输出功率较小。

（3）气动信号传递的速度比光、电子速度慢，故不宜用于要求高传递速度的复杂回路中，但对一般机械设备，气动信号的传递速度是能够满足要求的。

（4）排气噪声大，需加消声器。

（5）空气本身没有润滑性，需另加装置进行给油润滑。

四、任务实训

图 9-3 所示为公共汽车的车门气动控制系统，其中图 9-3（a）所示为手动控制方式，图 9-3（b）所示为电-气组合控制方式。该系统由气源、控制阀、气缸和连接管路组成，通过车门开关的手柄或者电气按钮，实现气缸方向控制阀的换向，从而实现车门的开启和关闭。当气缸活塞杆伸出时车门关闭，当气缸活塞杆缩回时车门打开。

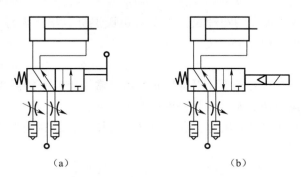

（a）　　　　　　　　　　　（b）

图 9-3　公共汽车的车门气动控制系统

（a）手动控制；（b）电-气组合控制

五、技能点

（1）认识气压传动原理。

（2）能区分气压传动系统各组成部分。

六、知识拓展

认 识 空 气

（一）空气的性质

1. 空气的状态

空气的状态根据其特性可分为自由状态、标准状态和基准状态三类。

自由状态的空气不是一直处于同一状态，它是随着温度等条件的变化而变化的。气动系统中的空气不是自由状态的空气，而是压缩空气（是把大气压缩后的空气）。在研究与空气有关的物理性质等问题时，一般使用基准状态的空气。

在气动系统中，控制阀、过滤器等的流量都是用标准状态下的参数表示的。

空气的标准状态和基准状态的特性如表9-1所示。

表9-1 空气的标准状态和基准状态

状态 \ 参数	标准状态	基准状态
大气压/MPa	0.101	0.101
温度/℃	20	0
相对湿度/%	65	0
密度/（kg·m^{-3}）	1.195	1.293

2. 空气的物理性质

1）温度

温度是描述空气冷热程度的物理量，主要有摄氏温标、华氏温标和绝对温标（又称热力学温标或开氏温标）三种标定方法。

2）压力

空气的压力就是当地的大气压，用符号 p 表示。常用单位有国际单位帕（Pa），工程单位为 kgf/cm²[①]，液柱高单位有毫米汞柱高和毫米水柱高。

同样，空气的压力可用绝对压力、表压力（相对压力）及真空度等来表示。

3）湿度

空气湿度是指空气中含水蒸气量的多少，有以下几种表示方法。

（1）绝对湿度。即每平方米空气中含有水蒸气的质量，用符号 γ_Z 表示，单位为 kg/m²。如果在某一温度下，空气中水蒸气的含量达到了最大值，此时的绝对湿度称为饱和空气的绝对湿度，用 γ_B 表示。

（2）相对湿度。为了能准确说明空气中的干湿程度，在空调中采用了相对湿度这个参数，它是空气的绝对湿度 γ_Z 与同温度下饱和空气的绝对湿度 γ_B 的比值，用符号 ϕ 表示。

---

① 1 kgf/cm² = 98 066.5 Pa。

4）密度和比容

空气的密度是指每立方米空气中干空气的质量与水蒸气的质量之和，用 ρ 表示，单位为 kg/m^3。

空气的比容是指单位质量的空气所占有的容积，用符号 ν 表示，单位为 m^3/kg。

因此空气的密度与比容互为倒数关系。

（二）压缩空气的湿度

大气中的空气总是含有水蒸气，压缩空气中同样含有水蒸气。含有水蒸气的空气称为湿空气。湿空气中的水蒸气随着压力和温度的变化而发生变化。每立方米空气中水蒸气的实际含量与同温度下每立方米空气最大可能的水蒸气含量之比称为相对湿度。相对湿度越小，说明湿空气中的水蒸气越少，吸收水蒸气的能力越强。在气动系统中，压缩空气的相对湿度越小越好。

1. 绝对湿度

每立方米湿空气中含有水蒸气的质量，称为绝对湿度。湿空气中水蒸气的含量是有限的，在一定温度和压力下，空气中水蒸气的含量称为饱和水蒸气含量（即饱和水蒸气密度），此时的空气称为饱和空气。不同温度下饱和空气的绝对湿度（饱和水蒸气密度）是不同的。

2. 相对湿度

每立方米湿空气中水蒸气的实际含量（即未饱和水蒸气密度）与同温度下饱和水蒸气含量（即饱和水蒸气密度）之比称为相对湿度。

当比值为 0 时，表示空气中没有水蒸气，此时的空气称为干空气。当比值为 1 时，空气的水蒸气达到饱和状态。

在气动系统中，空气的相对湿度越低越好。

3. 露点

未饱和空气在保持水蒸气压力不变的情况下降低温度，使之达到饱和状态时的温度称为露点。温度降至露点温度以下，湿空气便有水滴析出。在空压站中通常使用降温法清除湿空气中的水分。

第二节　认识气源装置

一、任务引入

气动系统使用压缩空气作为工作介质。在大型企业中，一般以压缩空气站方式集中供气；在小型企业中，通常用空压机直接提供压缩空气。那么，自由空气是怎样转化为压缩空气的呢？输送至设备的压缩空气又需要做哪些处理呢？

二、任务分析

产生、处理和储存压缩空气的设备称为气源设备，由气源设备组成的系统称为气源系统。典型的气源系统如图 9-4 所示，即依靠空气压缩机和相应的气源处理设备将自由空气转变为气动系统所使用的压缩空气。

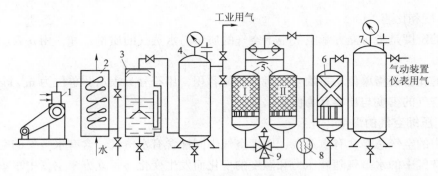

图9-4 典型的气源系统

1—空气压缩机；2—后冷却器；3—油水分离器；4，7—储气罐；
5—干燥器；6—过滤器；8—加热器；9—四通阀

在图9-4中，1为空气压缩机，用以产生压缩空气，一般由电动机带动，其吸气口装有空气过滤器，以减少进入空气压缩机内气体的杂质量；2为后冷却器，用以降温冷却压缩空气，使汽化的水、油凝结起来；3为油水分离器，用以分离并排出降温冷却凝结的水滴、油滴、杂质等；4和7为储气罐，用以储存压缩空气，稳定压缩空气的压力，并除去部分油分和水分，储气罐4输出的压缩空气可用于一般要求的气压传动系统，而储气罐7输出的压缩空气可用于要求较高的气压传动系统（如气动仪表及射流元件组成的控制回路等）；5为干燥器，用以进一步吸收或排出压缩空气中的水分及油分，使之变成干燥空气；6为过滤器，用以进一步过滤压缩空气中的灰尘、杂质颗粒；8为加热器，可将空气加热，使热空气吹入闲置的干燥器中进行再生，以备干燥器I、II交替使用；9为四通阀，用于转换两个干燥器的工作状态。

三、相关知识

（一）空气压缩机

空气压缩机简称空压机，是气源装置的核心，即气压发生装置，用以将原动机输出的机械能转化为气体的压力能，是气动系统的动力源。它为气动装置提供具有一定压力和流量的压缩空气。

1. 空压机的分类

空气压缩机的种类很多，常按工作原理、结构形式和性能参数分类。

1）按工作原理分

空气压缩机按工作原理可分为容积型压缩机和速度型压缩机。容积型压缩机是通过压缩气体体积，使单位体积内气体分子密度增大，从而提高压缩空气的压力。速度型压缩机是通过提高气体分子的运动速度，使气体的动能转换为压力能，从而提高压缩空气的压力的。

2）按结构形式分

空气压缩机按结构形式分，包括活塞式、膜片式、叶片式、螺杆式等几种类型，其中气压系统最常用的机型为活塞式空压机，如图9-5所示。

3）按输出压力分

鼓风机：≤0.2 MPa。

低压空压机：0.2～1 MPa。

图9-5 活塞式空压机

中压空压机：1～10 MPa。

高压空压机：10～100 MPa。

超高压空压机：＞100 MPa。

4）按输出流量分

微型空压机：≤0.017 m³/s。

小型空压机：0.017～0.17 m³/s。

中型空压机：0.17～1.7 m³/s。

大型空压机：＞1.7 m³/s。

2. 空气压缩机的工作原理

最常用的空压机形式是单级活塞式空压机，其工作原理如图 9-6（a）所示。当活塞 2 向右移动时，气缸 1 内活塞左腔压力降低，当其低于大气压时，吸气阀 6 被打开，空气在大气压作用下进入气缸 1 内，这个过程称为"吸气过程"。当活塞 2 向左移动时，缸内气体被压缩，此过程称为"压缩过程"。当气缸内压力高于输出管道内压力时，排气阀 7 被打开，压缩空气进入输气管道，这个过程称为"排气过程"。活塞的往复运动是由电动机带动曲柄转动，通过连杆带动滑块在滑道内移动，而活塞杆又带动活塞做直线往复运动。这里只表示了一个活塞缸的空压机，大多数空压机是多缸的组合。

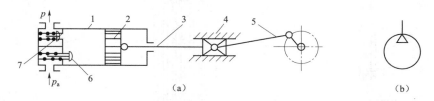

图 9-6　活塞式空压机的工作原理及图形符号

（a）工作原理；（b）图形符号

1—气缸；2—活塞；3—活塞杆；4—滑块；5—曲柄连杆机构；6—吸气阀；7—排气阀

单级活塞式空压机常用于 0.3～0.7 MPa 压力范围的气动系统。此种空压机在高于 0.6 MPa 时，发热量很大，工作效率低，故使用两级活塞式空压机，其最高压力可达到 1 MPa。

活塞式空压机结构简单，使用寿命长，容易实现大流量和高压输出，但振动大，噪声大，并且排气是断续的，输出流量有脉动，需要使用储气罐。

3. 空压机的选用

选择空压机的依据是：首先根据空压机的特性选择空压机的类型，然后根据气动系统所需的工作压力和流量两个主要参数确定空压机的输出压力和流量，最后选取空压机型号。

空压机的额定压力应等于或略高于气动系统所需的工作压力，一般气动系统的工作压力为 0.4～0.9 MPa，故常选用低压空压机，特殊需要可选用中、高压或超高压空压机。

输出流量的选择依据：根据整个气动系统对压缩空气的需要再加一定的备用余量作为选择空气压缩机（或机组）流量的依据。空气压缩机铭牌上的流量是自由空气流量。

4. 空压机的使用与维护

空压机的使用与维护包括下列内容：

（1）空压机的润滑油必须定期更换，否则高温下易氧化变质，进而产生油泥。

（2）空压机的安装位置必须清洁，粉尘少，通风好，湿度低，以保证吸入空气的质量。

（3）空压机启动前应检查润滑油位以及冷凝水的排放。

（二）后冷却器

后冷却器安装在空气压缩机出口管道上，空气压缩机排出的 140 ℃ ~170 ℃ 的压缩空气经过后冷却器，温度降至 40 ℃ ~50 ℃。这样，就可使压缩空气中的油雾和水汽达到饱和使其大部分凝结成滴，以便经过油水分离器析出。

后冷却器一般采用水冷换热装置，其结构形式有列管式、散热片式、套管式、蛇管式和板式等。其中，蛇管式冷却器最为常用。

后冷却器有风冷式和水冷式两大类。风冷式不需要冷却水设备，不用担心断水或水冻结；占地面积小，质量小，紧凑，运转成本低，易维修，但只适用于进口空气温度低于 100 ℃，且处理空气量较少的场合。水冷式散热面积是风冷式的 25 倍，热交换均匀，分水效率高，故适用于进口空气温度低于 200 ℃，且处理空气量较大、湿度大、粉尘多的场合。

图 9 – 7 所示为水冷式后冷却器的工作原理及图形符号。它把冷却水与热空气隔开，强迫冷却水沿热空气的反方向流动，以降低压缩空气的温度。水冷却器出口空气温度约比冷却水的温度高 10 ℃。

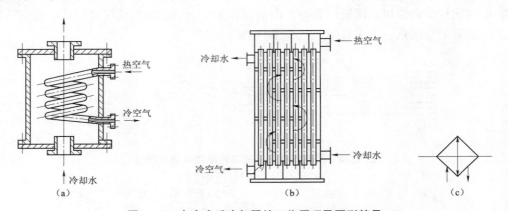

图 9 – 7　水冷式后冷却器的工作原理及图形符号

（a）蛇管式；（b）列管式；（c）图形符号

（三）储气罐

储气罐一般采用焊接结构，以立式居多，其外形结构如图 9 – 8 所示。气罐上安装有压力表、安全阀等，在其最低处设有排水阀。

储气罐的主要作用是储存一定数量的压缩空气，调节气流，减少气源输出气流脉动，增加气流连续性，减弱空气压缩机排出气流脉动引起的管道振动，使输出气流具有流量连续性和气压稳定性；进一步分离压缩空气中的水分和油分。当遇到突然停机或停电等意外情况时，维持短时间供气，以保证设备的安全。

（四）空气净化处理设备

1. 对压缩空气的要求

1）具有一定的压力和足够的流量

作为气动装置的动力源，没有一定的压力就不能保证执行机构产生足够的推力，甚至连控制机构都难以正确动作；没有足够的流量，就不

图 9 – 8　储气罐

能满足对执行机构运动速度和程序的要求。压缩空气没有一定压力和流量，气动装置的一切功能均无法实现。

2）要求压缩空气有一定的清洁度和干燥度

清洁度是指气源中含油量、灰尘杂质的质量及颗粒大小都要控制在很低的范围内。

干燥度是指压缩空气中含水量的多少，气动装置要求压缩空气的含水量越低越好。

直接由空气压缩机排出的压缩空气，如果不进行净化处理，不除去混在压缩空气中的水分、油分等杂质是不能为气动装置使用的。

压缩空气中的油分、水分、灰尘等杂质会产生以下不良影响：

（1）混入压缩空气的油蒸气可能聚集引起爆炸。

（2）润滑油汽化后形成有机酸，腐蚀金属设备。

（3）压缩空气中的杂质沉积阻塞管道，使系统工作不稳定。

（4）压缩空气中含有的饱和水分，在一定条件下会凝结成水并聚集在个别管段内。凝结的水分会使管道及附件结冰而损坏。

（5）压缩空气中的灰尘等杂质使元件磨损。

因此必须设置一些除油、除水、除尘并使压缩空气干燥的提高压缩空气质量，进行气源净化处理的辅助设备。

2．空气净化处理装置

1）油水分离器

油水分离器安装在后冷却器出口管道上。

油水分离器主要利用回转离心、撞击、水浴等方法使水滴、油滴及其他杂质颗粒从压缩空气中分离出来，使压缩空气得到初步净化。其结构形式有环形回转式、撞击折回式、离心旋转式和水浴式等。

油水分离器的工作原理、实物及图形符号如图9-9所示。油水分离器的原理是当压缩

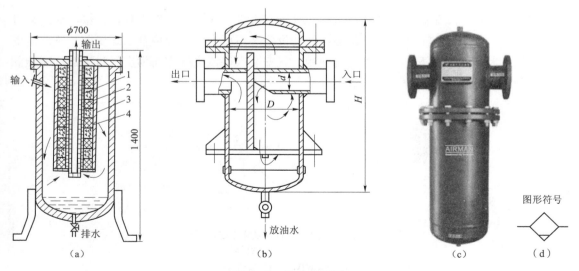

图9-9　油水分离器

（a）环形回转式；（b）撞击折回式；（c）实物；（d）图形符号

1—密孔板；2—细铜丝网；3—焦炭；4—硅胶板

空气进入分离器后产生流向和速度的急剧变化，再依靠惯性作用使凝聚在压缩空气中的油滴和水滴等杂质分离出来，沉降于壳体底部，最后由放水阀排出。

为提高油水分离效果，应控制气流回转上升的速度不超过 $0.3 \sim 0.5 \mathrm{~m/s}$。

2）干燥器

经过后冷却器、油水分离器和储气罐后得到初步净化的压缩空气，已能满足一般气压传动的需要。但压缩空气中仍含有一定量的油、水以及少量粉尘。如果用于精密的气动装置和气动仪表，还必须进行干燥处理。

如图 9-10 所示干燥器的作用就是进一步除去压缩空气中含有的水分、油分和颗粒杂质等，使压缩空气干燥；提供的压缩空气用于对气源质量要求较高的气动装置、气动仪表等。压缩空气干燥主要采用潮解式、加热式、吸附式、离心式、机械降水及冷冻等方法。

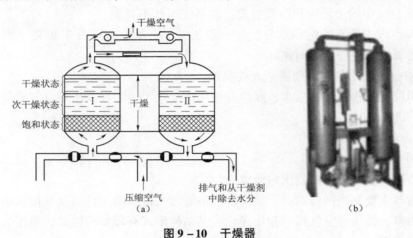

图 9-10　干燥器

（a）工作原理；（b）实物

3．气动三大件

空气过滤器、减压阀和油雾器一起称为气动三大件，三大件依次无管化连接而成的组件称为三联件，如图 9-11 所示。它是多数气动设备必不可少的气源装置，是压缩空气质量的最后保证。大多数情况下，三大件组合使用，其安装次序依进气方向为空气过滤器、减压阀和油雾器，也可以只用其中的一件或两件。

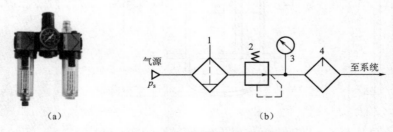

图 9-11　气动三联件实物和图形符号

（a）实物；（b）图形符号及安装顺序

1—空气过滤器；2—减压阀；3—压力表；4—油雾器

1）空气过滤器

空气过滤器又称分水滤气器、空气滤清器，它的作用是滤除压缩空气中的水分、油滴及杂质，以达到气动系统所要求的净化程度。它属于二次过滤器，大多与减压阀、油雾器一起构成气动三联件，安装在气动系统的入口处。

图9-12所示为空气过滤器的原理及图形符号，当压缩空气从入口进入后被引进旋风叶子1，旋风叶子上有很多小缺口，迫使空气沿切线方向产生强烈的旋转，这样，混杂在空气中较大的水滴、油污、灰尘便获得较大的离心力，并与存水杯3的内壁高速碰撞，从空气中分离出来，沉淀于存水杯3中。然后，气体通过滤芯2，少量的灰尘、雾状水被拦截而滤去，洁净的空气便从输出口输出。挡水板4起防止杯中污水卷起而破坏空气过滤器的过滤作用。污水由排水阀5放掉。

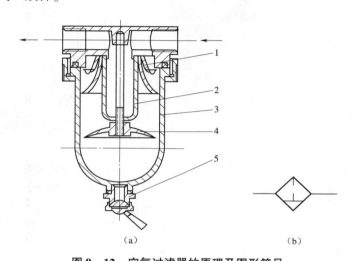

图9-12　空气过滤器的原理及图形符号

（a）原理；（b）图形符号

1—旋风叶子；2—滤芯；3—存水杯；4—挡水板；5—排水阀

2）减压阀

气动三大件中所用的减压阀起减压和稳压作用，其工作原理与液压系统减压阀相同。

3）油雾器

油雾器是一种特殊的注油装置，它以压缩空气为动力，将润滑油喷射成雾状并混合于压缩空气中，使压缩空气具有润滑气动元件的能力。

一般根据气压系统所需额定流量与油雾粒度大小来确定油雾器的型式和通径。

油雾器可分为普通型油雾器和微雾型油雾器两类。

普通型油雾器能把雾化后的油雾全部随压缩空气输出，油雾粒径约为20 μm；微雾型油雾器能把雾化后的油雾中油雾粒径为2～3 μm的微雾随空气输出。按节流方式又可分为固定节流式和可变节流式两种。固定节流式输出的油雾浓度随输出空气的流量变化而变化，而可变节流式输出的油雾浓度基本上保持恒定，不随输出空气的流量而变化。图9-13所示为固定节流式普通型油雾器。

可变节流式普通型油雾器的工作原理与固定节流式普通型油雾器基本相同，区别仅在于设置了一个空气流量传感器，以实现自动可变节流。当空气流量变化时，油雾浓度基本上保持恒定，且起雾流量较小，在小流量工作时雾化性能好。图9-14所示为自动可变节流式微雾型油雾器。

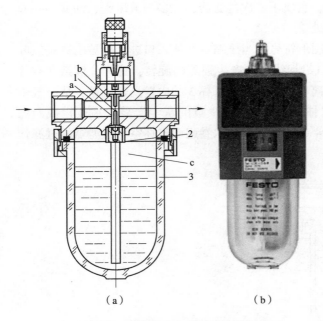
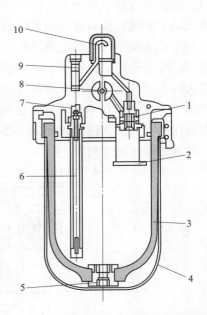

图9-13　固定节流式普通型油雾器

（a）结构；（b）实物

1—小孔；2—截止阀；3—油杯；

a—立杆；b—喷油嘴；c—气室

图9-14　自动可变节流式微雾型油雾器

1—喷嘴；2—挡板；3—油杯；4—防护罩；

5—排水阀；6—吸油管；7—单向阀；

8—流量传感器；9—油量调节针阀；10—滴油管

（五）辅助元件

1. 消声器

1）消声器的功能

气动系统中，压缩空气经换向阀向气缸等执行元件供气，动作完成后，又经换向阀排气，由于阀的气路复杂且十分狭窄，压缩空气以接近声速的流速从排气口排出，空气急剧膨胀，使压力发生变化并产生高频噪声。排气噪声与压力、流量和有效面积有关，当阀的排气压力为 0.5 MPa 时可达到 100 dB 以上，而且执行元件速度越高，流量越大，噪声也越大，此时，必须用消声器来降低噪声。消声器通过对气流的阻尼或增加排气面积等方法来降低排气速度和排气功率，从而达到降低噪声的目的。

2）消声器的分类

根据消声原理不同，有吸收型、膨胀干涉型和膨胀干涉吸收型三类。

（1）吸收型消声器。

吸收型消声器是利用吸声材料，依靠气体流动摩擦产生热量，使气体的压力能部分转化为热能，从而减少排气噪声，如图9-15所示。吸收型消声器具有良好的中、高频消声性能，尤其是高频噪声，消声效果大于 15 dB，适合气动系统使用。

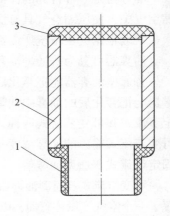

图9-15　吸收型消声器

1—连接管；2—消声套；3—端口

（2）膨胀干涉型消声器。

膨胀干涉型消声器的工作原理是使气体膨胀、相互干涉而消声。此种消声器的直径比排气孔大，气流在里面扩散、碰撞反射，互相干涉，从而减弱噪声强度，最后从孔径较大的多孔外壳排出，主要用于消除中、低频，尤其是低频噪声。

（3）膨胀干涉吸收型消声器。

膨胀干涉吸收型消声器是上述两种消声器的组合，如图9-16所示。这种消声器既有吸收型的吸声材料，又有膨胀干涉型的干涉作用。在很宽的频率范围内有消声作用，消声效果好，低频可消声20 dB，高频可消声约50 dB。

选用消声器时，应合理选择通过消声器的气流速度。对于一般系统，消声器的气流速度可取6~10 m/s；对于高压排空消声器，气流速度则可大于20 m/s。

2. 自动排水器

随着对空气净化要求的提高，利用人工的方法定期排污已不可靠，在一些场合不便于人工操作，因此自动排水器得到了广泛应用。

图9-17所示为浮子式自动排水器的结构原理，其原理是被分离出来的水分注入自动排水器内，水位不断升高至一定高度，当浮子3的浮力大于浮子自重及作用在喷嘴座面积上的气压力时，喷嘴2开启，气压经喷嘴2、滤芯4作用在活塞8左侧，气压力克服弹簧力使活塞右移，排水阀5打开放水。排水后，浮子下降，喷嘴又关闭。活塞左腔气压通过设在活塞及手动操作杆6内的溢流孔7卸压，迅速关闭排水阀座。

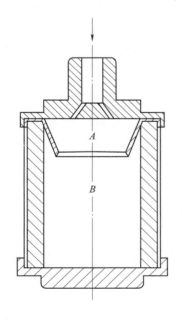

图9-16　膨胀干涉吸收型消声器

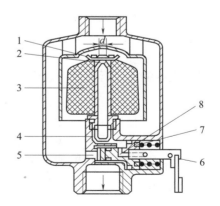

图9-17　浮子式自动排水器

1—盖板；2—喷嘴；3—浮子；4—滤芯；5—排水阀；

6—手动操作杆；7—溢流孔；8—活塞

自动排水器用于排出管道、油水分离器、储气罐及分水过滤器中的积水。自动排水器必须垂直安装。在使用过程中，若自动排水器出现故障，可用手动操作杆打开阀门放水。

3. 管道与管接头

1）管道

气动系统中，连接各种元件的管道有金属和非金属两大类。

金属管道通常采用镀锌钢管、不锈钢管和紫铜管。镀锌钢管和不锈钢管主要用于工厂主管道以及大型的气动设备，适用于固定连接，一般采用螺纹或焊接方式连接。紫铜管主要用于一些特殊场合，如高温环境，如果使用软管容易受损的地方，其连接方式一般采用扩口式或卡套式连接。

非金属管有尼龙管、橡胶管和聚氨酯管等，其优点是装拆方便、不生锈、摩擦阻力小以及吸振消声等；缺点是容易老化，不适合高温使用。使用时需要使用专用的剪管管钳和拔管工具。

2）管接头

管接头是连接管道的元件。气动系统一般要求管接头连接紧固、不漏气和拆装方便。对于金属管和非金属管，其管接头的形式不同。图9-18所示为常用的气管接头。

（a） （b） （c） （d）

图9-18　常用的气管接头

（a）扩口式；（b）卡套式；（c）快插式；（d）快接式

金属管接头一般有法兰式、扩口式和卡套式三种。法兰式管接头一般用于直径较大的管道或者阀门的连接；扩口式管接头一般用于管径小于30 mm的无缝钢管或者铜管的连接。

非金属管接头主要有快插式、卡套式、快换式和快接式等。

四、任务实训

练习对空气压缩机进行选型；选用气源装置元件；进行气动系统管路的连接实训。

五、技能点

（1）空气压缩机的工作原理认识。

（2）空气压缩机各零部件的功用及选择。

六、知识拓展

螺杆式空气压缩机

螺杆式空气压缩机是由瑞典皇家工学院教授 Lysholm 于1934年发明的。由于设计、制造水平的限制，20世纪60年代以前螺杆式空气压缩机发展比较缓慢；20世纪60年代初，喷油技术被引入螺杆式空气压缩机，降低了螺杆转子形线加工精度的要求，同时对机组的噪声、结构、转速等产生了有利影响。目前喷油螺杆式空气压缩机已成为空气动力、制冷空调行业中的主要机型，在中等容积流量的空气动力装置及中等制冷量的制冷装置中，螺杆压缩机在市场上已占领先地位。

1. 螺杆式空压机的基本结构

通常所说的螺杆式空压机即指双螺杆式空压机，它的基本结构如图9-19所示。在压缩机的主机中平行地配置一对相互啮合的螺旋形转子，通常把节圆外具有凸齿的转子（从横截面看）称为阳转子或阳螺杆，把节圆内具有凹齿的转子（从横截面看）称为阴转子或阴螺杆。一般阳转子作为主动转子，由阳转子带动阴转子转动。转子上的球轴承使转子实现轴向定位，并承受压缩机中的轴向力。转子两端的圆锥滚子推力轴承使转子实现径向定位，并承受压缩机中的径向力和轴向力。在压缩机主机两端分别开设一定形状和大小的孔口，一个供吸气用的叫吸气口，另一个供排气用的叫排气口。

2. 螺杆式空压机的工作原理

螺杆式空压机的工作循环可分为吸气过程（包括吸气和封闭过程）、压缩过程和排气过程。随着转子旋转，每对相互啮合的齿相继完成相同的工作循环。

1）吸气过程

如图9-20所示，随着转子的运动，齿的一端逐渐脱离啮合而形成了齿间容积，这个齿间容积的扩大在其内部形成了一定的真空，而此时该齿间容积仅仅与吸气口连通，因此气体便在压差的作用下流入其中。在随后的转子旋转过程中，阳转子的齿不断地从阴转子的齿槽中脱离出来，此时齿间容积也不断扩大，并与吸气口保持连通。随着转子的旋转，齿间容积达到最大值，并在此位置齿间容积与吸气口断开，吸气过程结束。

图9-19　螺杆式空压机

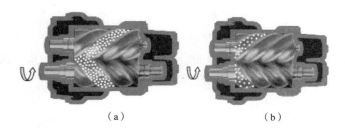

（a）　　　　　　　　（b）

图9-20　吸气及封闭过程

（a）吸气过程；（b）封闭过程

吸气过程结束的同时阴、阳转子的齿峰与机壳密封，齿槽内的气体被转子齿和机壳包围在一个封闭的空间中，即封闭过程。

2）压缩过程

如图9-21所示，随着转子的旋转，齿间容积由于转子齿的啮合而不断减少，被密封在齿间容积中的气体所占据的体积也随之减少，导致气体压力升高，从而实现气体的压缩过程。压缩过程可一直持续到齿间容积即将与排气口连通之前。

3）排气过程

如图9-22所示，齿间容积与排气口连通后即开始排气过程，随着齿间容积的不断缩小，具有内压缩终了压力的气体逐渐通过排气口被排出，这一过程一直持续到齿末端的型线完全啮合为止。此时齿间容积内的气体通过排气口被完全排出，封闭的齿间容积的体积将变为零。

图9-21 压缩过程

图9-22 排气过程

从上述工作原理可以看出,螺杆式空压机是通过一对转子在机壳内做回转运动来改变工作容积,使气体体积缩小、密度增加,从而提高气体的压力的。

3.螺杆式空压机的构成

一台喷油螺杆式空压机主要由主机和辅机两大部分组成,主机包括螺杆式空压机主机和主电动机,辅机包括进排气系统、喷油及油气分离系统、冷却系统、控制系统和电气系统等。

在进排气系统中,自由空气经过进气过滤器滤去尘埃、杂质之后,进入空压机的吸气口,并在压缩过程中与喷入的润滑油混合。经压缩后的油气混合物被排入油气分离桶中,经一、二次油气分离,再经过最小压力阀、后部冷却器和气水分离器被送入系统。

在喷油及油气分离系统中,当空压机正常运转时,油气分离桶中的润滑油依靠空压机的排气压力和喷油口处的压差来维持在回路中流动。润滑油在此压差的作用下,经过温控阀进入油冷却器,再经过油过滤器除去杂质微粒后,大多数润滑油被喷入空压机的压缩腔,起到润滑、密封、冷却和降噪的作用;其余润滑油分别喷入轴承室和增速齿轮箱。喷入压缩腔中的那一部分油随着压缩空气一起被排入油气分离桶中,经过离心分离,绝大多数润滑油被分离出来,还有少量的润滑油经过滤芯进行二次分离,被二次分离出来的润滑油经过回油管返回到空压机的吸气口等低压端。

1)润滑油的作用

(1)冷却作用。作为冷却剂,润滑油可有效控制压缩放热引起的温升。

(2)润滑作用。作为润滑剂,润滑油可在转子间形成润滑油膜。

(3)密封作用。作为密封剂,润滑油可填补转子与壳体以及转子与转子之间的泄漏间隙。

(4)降噪作用。喷入的油是黏性流体,对声能与声波有吸收和阻尼作用,一般喷油后噪声可降低10~20 dB。

2)最小压力阀的作用

(1)最小压力阀可保证最低的润滑油循环压力。

(2)最小压力阀作为止回阀,避免在空压机停机或无负荷情况下,供气管线内的压缩空气回流到机组内。

(3)最小压力阀保证油气分离器滤芯前后有一定的压差,以免刚开机时滤芯前后压差过大而造成挤破现象。

3)温控阀的作用

温控阀的作用是维持润滑油温高于压力露点温度以上,以免空气中的水分析出。

4）油气分离桶的作用

（1）油气分离桶作为初级油气分离装置，它可将直径大于 1 μm 的油滴采用机械碰撞法有效地分离出来。

（2）作为空压机润滑油的储油器。

（3）作为油气分离器的支撑体，该滤芯可将1 μm 以下的油滴先聚结成更大的油滴，然后再分离出来。

4．螺杆式空压机的特点

螺杆式空压机的优点是结构紧凑，维修费用低，噪声低，排气压力脉动小，输出流量大；由于压缩机的转速很高，气体的吸入和排出又是连续的，故吸、排气可看成是无脉动的；不需要设置储气罐，结构中无易损件，寿命长，效率高。缺点是制造精度要求高，造价较高，且由于结构刚度的限制，只适用于中低压范围。

习题与思考题

9-1　气压传动系统由哪几部分组成？各部分的作用是什么？

9-2　气压传动有何特点？

9-3　油水分离器的作用是什么？

9-4　油雾器的作用是什么？试简述其工作原理。

9-5　什么是气动三联件？在气动系统中分别有什么作用？在安装上有什么要求？

第十章　气压传动元件的选用

任务导读

1. 气缸的分类、工作原理及选用。
2. 气动马达的分类、工作原理及选用。
3. 方向控制元件的分类、工作原理及选用。
4. 压力控制元件的分类、工作原理及选用。
5. 流量控制元件的分类、工作原理及选用。

第一节　气缸的选用

一、任务引入

在工业企业中，为进一步降低工人的劳动强度、提高生产效率，在普通机床上大量使用各种自动通用夹具是一条有效途径。图 10 – 1 所示为一种采用楔形机构和杠杆机构相结合的气动夹具，这种夹具结构简单紧凑，夹紧力稳定不变且具有自锁功能。气动夹具广泛使用在包括加工中心在内的各种机床上，以降低工人的劳动强度、提高生产效率。

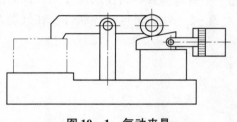

图 10 – 1　气动夹具

二、任务分析

对这类系统进行分析时，首先要明确哪种执行元件更合适，从夹具的机械结构及运动要求看，采用直线运动的执行元件即气缸比较合适；然后决定选用什么样的气缸、什么类型、具体结构，以及缸径、杆径、气缸是否需要缓冲等。因此，必须先了解气缸的类型、结构、工作原理以及气缸的选型等。

三、基本知识

气缸是将压缩空气的压力能转变成机械能，实现直线运动，输出力和直线位移的一种传动装置。气缸具有运动速度快、工作压力低等特点，适用于负载较小的场合。

（一）气缸的分类

气缸主要由缸筒、活塞、活塞杆、前后端盖及密封件等组成。气缸种类很多，结构各异，分类方法也多，常用的有以下几种。

1. 按缸径分

气缸按缸径分有：

（1）微型气缸。微型气缸缸径为 $\phi2.5 \sim \phi6$ mm。

（2）小型气缸。小型气缸缸径为 $\phi8 \sim \phi25$ mm。

（3）中型气缸。中型气缸缸径为 $\phi32 \sim \phi320$ mm。

（4）大型气缸。大型气缸缸径大于 $\phi320$ mm。

2. 按安装方式分

气缸按安装方式分有法兰式气缸、轴销式气缸、凸缘式气缸、耳座式气缸、嵌入式气缸、回转式气缸等。

3. 按压缩空气在活塞端面作用力的方向分

气缸按压缩空气在活塞端面作用力的方向分为单作用气缸和双作用气缸。

4. 按结构特点分

气缸按结构特点分为活塞式、薄膜式、柱塞式和摆动式气缸等。

5. 按功能分

气缸按功能分为普通式、缓冲式、气－液阻尼式、冲击和步进气缸等。

6. 按气缸活塞杆端是否带锁

气缸按气缸活塞杆端是否带锁可分为带锁气缸和不带锁气缸。带锁气缸主要用于可以在多个位置准确停止的场合。

（二）气缸的结构和工作原理

1. 气缸的结构

由于气缸使用场合的不同，气缸的结构多种多样，使用最广泛的是单杆双作用气缸。

图 10 - 2 所示为单杆双作用气缸的结构，主要由缸筒、活塞、活塞杆、前后端盖及密封件等组成。

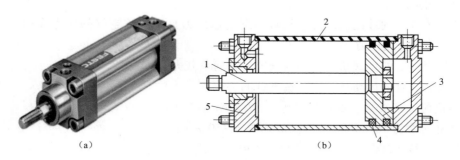

（a）　　　　　　　　　　　　　　（b）

图 10 - 2　单杆双作用气缸

（a）实物；（b）结构

1—活塞杆；2—缸筒；3—活塞；4—密封件；5—端盖

1）缸筒

缸筒的内径大小代表了气缸输出力的大小。活塞要在缸筒内做平稳的往复滑动，缸筒内表面的表面粗糙度应达到 Ra 0.8 μm 及以上。

2）活塞

活塞是气缸中的受压力零件。为防止活塞左右两腔相互窜气，设有活塞密封圈。活塞上的耐磨环可提高气缸的导向性，减少活塞密封圈的磨耗，减小摩擦阻力。耐磨环常使用聚氨酯、聚四氟乙烯、夹布合成树脂等材料。活塞的宽度由密封圈尺寸和必要的滑动部分长度来决定。滑动部分太短，易引起早期磨损和卡死。活塞的材质常用铝合金和铸铁，小型缸的活塞由黄铜制成。

3）活塞杆

活塞杆是气缸中最重要的受力零件，通常使用高碳钢、表面经镀硬铬处理或使用不锈钢，以防腐蚀，并提高密封圈的耐磨性。

4）前后端盖

端盖上设有进排气通口，有的还在端盖内设有缓冲机构。活塞杆侧端盖上设有密封圈和防尘圈，以防止从活塞杆处向外漏气和防止外部灰尘混入缸内。活塞杆侧端盖上设有导向套，以提高气缸的导向精度，承受活塞杆上少量的横向负载，减小活塞杆伸出时的下弯量，延长气缸使用寿命。导向套通常使用烧结含油合金、青铜铸件。端盖过去常用可锻铸铁，为减小质量并防锈，现常使用铝合金压铸。微型缸有的使用黄铜材料。

5）密封件

密封件用于活塞与缸筒、活塞与活塞缸、活塞杆与缸盖、缸盖与缸筒之间的密封，防止发生泄漏。

2. 气缸的工作原理

气缸的工作原理与液压缸相同。双作用气缸内部被活塞分成两个腔，若气缸缸筒固定，当从无杆腔输入压缩空气时，有杆腔排气，气缸两腔的压力差作用在活塞上所形成的力克服阻力负载推动活塞运动，使活塞杆伸出；当有杆腔进气、无杆腔排气时，使活塞杆缩回。若有杆腔与无杆腔交替进气和排气，活塞实现往复直线运动。

（三）气缸的选用

在确定了气缸的结构后，如何选择气缸的具体结构尺寸，需要考虑气缸的缸径、活塞杆直径、行程和缓冲等。

（1）确定气缸的理论输出力。气缸的理论输出力是指压缩空气的压力作用在活塞有效面积上产生的推力或拉力。

（2）根据气缸的负载状态，确定气缸的轴向负载力。

（3）根据气缸的运动状态，预选气缸的负载率。

① 静负荷（如夹紧、低速压进等）：负荷率 $\eta \leq 70\%$。

② 气缸速度为 $50 \sim 500$ mm/s：负载率 $\eta \leq 50\%$。

③ 气缸速度 >500 mm/s：负载率 $\eta \leq 30\%$。

（4）根据气源供气条件确定使用压力。

（5）根据以上条件确定气缸缸径，并将其标准化。缸径的标准直径（mm）：8，10，12，16，20，25，40，50，63，80，（90），100，（110），125，（140），160，（180），200，（220），250，（280），320，（360），400，（450）。

注意：括号内为第二系列，设计选型时尽量选第一系列。

（6）气缸活塞杆直径的确定。

对于单作用气缸，杆径与缸径之比 $d/D = 0.5$。

对于双作用气缸，杆径与缸径之比 $d/D = 0.3 \sim 0.4$。

将设计计算所得到的尺寸圆整并标准化，得出活塞杆直径。

活塞杆的标准直径（mm）：4，5，6，8，10，12，14，16，18，20，22，25，28，32，36，40，45，50，56，63，70，80，90，100，110，125，140，160，180，200，220，250，280，320，360，…

（7）预选气缸行程。按照气缸的操作距离及传动机构的行程来预选气缸行程。

（8）气缸缓冲的选择。如果负载较大，则需要验算其缓冲能力；如果可调缓冲不能满足要求，则需重新选择缸径或增加缓冲器。

（9）对于长行程气缸，应验算气缸的弯曲强度和挠度。

（四）标准化气缸的系列和标记

为推动气动技术的发展，满足各行业使用气缸的需要，我国目前已经生产出五种从结构到参数都已经标准化、系列化的气缸（简称标准化气缸）供用户优先选用，在生产过程中应尽可能地选用标准化气缸。当需要自行设计时，也应尽可能地使所设计的气缸与标准化气缸的结构和参数一致，这样可使产品具有互换性，给设备的使用和维修带来方便。

标准化气缸的标记是用符号"QG"表示气缸，用符号"A、B、C、D、H"表示五种系列。具体的标记方法是：

QG	A、B、C、D、H	缸径×行程

标准化气缸的五种系列为：

QGA 为无缓冲普通气缸；QGB 为细杆（标准杆）缓冲气缸；QGC 为粗杆缓冲气缸；QGD 为气－液阻尼缸；QGH 为回转气缸。

例如，标记为 QGA80×100，表示气缸的直径为 80 mm、行程为 100 mm 的无缓冲普通气缸。

四、任务实训

根据气动夹具所要求的最大夹紧力、最大行程等相关技术参数，确定气缸缸径、活塞杆直径以及气缸的行程，最后确定气缸的结构形式。

五、技能点

（1）简述双作用气缸的工作原理。
（2）掌握气缸的选用方法。

六、知识拓展

其他类型的气缸

1. 气－液阻尼缸

普通气缸工作时，由于气体具有可压缩性，当外界负载变化较大时，气缸可能产生"爬行"或"自走"现象，因此，气缸不易获得平稳的运动，也不易使活塞有准确的停止位置。而液压缸则相对运动平稳，且速度调节方便，在气压传动中，需要准确的位置控制和速度控制时，可采用如图 10－3 所示的气－液阻尼缸。

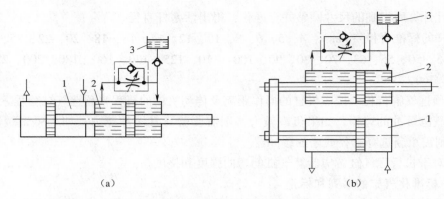

图 10 – 3 气 – 液阻尼缸

（a）串联气 – 液阻尼缸；（b）并联气 – 液阻尼缸

1—气缸；2—液压缸；3—高位油箱

图 10 – 3（a）所示为串联气 – 液阻尼缸，其缸体较长，加工和安装时对同轴度要求较高，并要注意解决气缸和液压缸之间的油与气的互窜。

图 10 – 3（b）所示为并联气 – 液阻尼缸，它由气缸和液压缸并联而成，其工作原理和作用与串联气 – 液阻尼缸相同。这种气 – 液阻尼缸的缸体短，结构紧凑，消除了气缸和液压缸之间的窜气现象。

2．薄膜式气缸

薄膜式气缸是一种利用膜片在压缩空气作用下产生变形来推动活塞杆做直线运动的气缸，其结构如图 10 – 4 所示。薄膜式气缸由缸体 1、膜片 2、膜盘 3 及活塞杆 4 等组成，其功能类似活塞式气缸，有单作用式和双作用式两种。

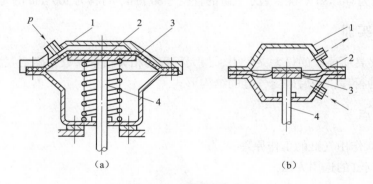

图 10 – 4 薄膜式气缸

（a）单作用式；（b）双作用式

1—缸体；2—膜片；3—膜盘；4—活塞杆

薄膜式气缸中的膜片有盘形膜片和平膜片两种，一般用夹织物橡胶制成，厚度为 5 ~ 6 mm，也可用钢片、锡磷青铜片制成，但仅限于行程小的薄膜式气缸中使用。

薄膜式气缸因膜片的变形量有限，故其行程较短，一般不超过 40 ~ 50 mm。

3．无活塞杆气缸

无活塞杆气缸，就是没有普通气缸的刚性活塞杆，它利用活塞直接或间接带动负载实现往复运动，可以在较小的空间实现更长的行程运动。其主要有机械耦合和磁性耦合等形式。

如图 10-5 所示的机械耦合无杆气缸在压缩空气作用下，气缸活塞-滑块机械组合装置可以做往复运动。缸体上有管状沟槽，可以防止扭转。为防止泄漏及防尘需要，开口部位采用密封和防尘带，并固定在两个端盖上。

如图 10-6 所示的磁性耦合无杆气缸，活塞通过磁力带动缸体外部的移动体做同步移动。它的工作原理是在活塞上安装一组高强磁性的永久磁环，磁力线通过薄壁缸筒与套在外面的另一组磁环作用，由于两组磁环磁性相反，故具有很强的吸力。当活塞在缸筒内被气压推动时，则在磁力作用下带动缸筒外的磁环套一起移动。气缸活塞的推力必须与磁环的吸力相适应。当使用气压过高或负载过重，导致活塞推力过大，磁环相互之间的吸引力无法保持时，内外磁环会脱开，气缸工作出现不正常，专业术语称为脱靶。

图 10-5　机械耦合无杆气缸　　　　图 10-6　磁性耦合无杆气缸

磁性耦合无杆气缸在气动系统中作执行元件，可用于汽车、地铁及数控机床的开闭门，机械手坐标的移动定位，无心磨床的零件传送，组合机床进给装置以及自动线送料，布匹、纸张切割和静电喷漆等。

4. 冲击气缸

冲击气缸是一种较新型的气动执行元件。它是把压缩空气的压力能转化为活塞运动的动能，可完成型材下料、弯曲、冲孔、墩粗、破碎、模锻等多种作业。

冲击气缸的工作原理如图 10-7 所示，它由缸体 8、中盖 5、活塞 7 等主要零件组成。中盖与缸体连接在一起，它和活塞把气缸容积分隔成三部分，即蓄能腔 3、活塞腔 2 和活塞杆腔 1，中盖中心开有一喷嘴口 4，当压缩空气刚进入蓄能腔 3 时，其压力只能通过喷嘴口 4 的小面积作用在活塞上，还不能克服活塞杆腔 1 的排气压力所产生的向上推力以及活塞和缸体间的摩擦阻力，活塞不运动。蓄能腔中充气压力逐渐升高，当压力升高到作用在喷嘴口面积上的总推力能克服活塞杆腔的排气压力和摩擦力的总和时，活塞向下移动，积聚在蓄能腔中的压缩空气通过喷嘴口突然作用在活塞的全部面积上，活塞需作为控制信号孔使用。

5. 摆动气缸

摆动气缸是利用压缩空气驱动输出轴在小于 360°的范围内做往复摆动，多用于物体的转位、工件翻转和阀门的开闭等场合。

摆动气缸按结构可分为叶片式和齿条式，而叶片式应用较多。

图 10-8 所示为叶片式摆动气缸。当压缩空气作用在叶片的一侧时，叶片另一侧排气，叶片就会带动转轴向一个方向转动，改变气流方向就能实现叶片转动的反向。

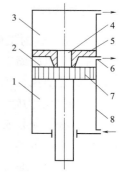

图 10-7　冲击气缸的工作原理

1—活塞杆腔；2—活塞腔；

3—蓄能腔；4—喷嘴口；

5—中盖；6—排气口；

7—活塞；8—缸体

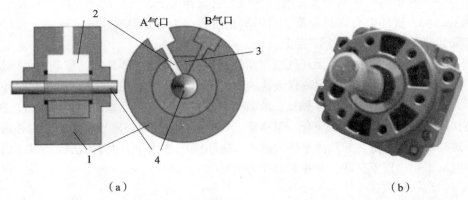

（a）　　　　　　　　　　　　　（b）

图 10 - 8　叶片式摆动气缸的工作原理及实物

（a）工作原理；（b）实物

1—缸体；2—叶片；3—定子；4—转子

第二节　气动马达的选用

一、任务引入

图 10 - 9 所示为气动攻丝机，利用气动马达作为动力装置，正转时进行攻丝，反转时退出。那么，气动马达是如何工作的呢？又该如何调节气动马达的转速呢？

二、任务分析

气动攻丝机是利用气动马达驱动丝锥转动来完成攻丝的。那么气动马达是如何输出扭矩、驱动丝锥的呢？怎样才能正确选用和调节气动马达？

图 10 - 9　气动攻丝机

三、基本知识

（一）气动马达的工作原理

气动马达是以压缩空气作为工作介质，将压缩空气的压力能转换成旋转的机械能的装置，输出力矩带动执行机构做旋转运动。

图 10 - 10 所示为叶片式气动马达。叶片式气动马达主要由壳体、定子、转子和叶片等组成。定子和转子偏心安装，叶片安装在定子的滑槽内，可在径向滑动，定子、转子、相邻叶片以及两端的端盖形成封闭的容积腔作为工作腔。

气动马达的工作原理与液压马达一样，当压缩空气从 A 口进入定子腔后，一部分进入叶片底部，将叶片推出，使叶片在气压推力和离心力综合作用下抵在定子内壁上；另一部分进入密封工作腔作用在叶片的外伸部分，产生力矩。由于叶片外伸面积不等，转子受到不平衡力矩而逆时针旋转。做功后的气体由定子孔 C 排出，剩余残余气体经孔 B 排出。改变压缩空气输入进气孔（B 孔进气），马达则反向旋转。

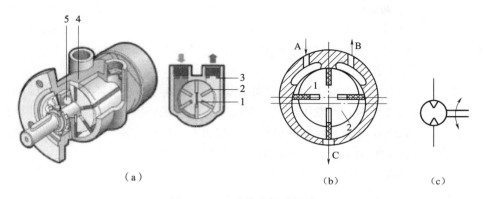

图 10 – 10　叶片式气动马达

(a) 实物；(b) 工作原理；(c) 图形符号

1—转子；2—叶片；3—气口；4—壳体（定子）；5—轴承

（二）气动马达的分类及特点

气动马达根据其结构形式可分为叶片式、活塞式、齿轮式等多种类型，在气压传动中使用最广泛的是叶片式和活塞式马达。无论气动马达的结构形式有何不同，它们均具有以下共同的特点：

（1）可以无级调速。只要控制进气阀或排气阀的开度，即控制压缩空气的流量，就能调节马达的输出功率和转速。

（2）工作安全。由于气动马达的工作介质是压缩空气，以及它本身结构上的特点，所以有良好的防爆、防潮和耐水性，不受振动、高温、电磁、辐射等影响，可在高温、潮湿、高粉尘等恶劣环境下使用。

（3）气动马达具有结构简单、体积小、质量小、操纵容易、维修方便等特点，其用过的空气也无须处理，不会造成污染。

（4）气动马达有很宽的功率和速度调节范围。气动马达功率小到几百瓦，大到几万瓦，转速可以从零到 25 000 r/min 或更高，通过对流量的控制即可非常方便地达到调节功率和速度的目的。

（5）正反转实现方便。大多数气动马达只要通过简单地操纵来改变马达进、排气方向，即能实现气动马达输出轴的正转和反转，并且可以瞬时换向。在正反向转换时，冲击很小。气动马达换向工作的一个主要优点是它具有几乎在瞬时可升到全速的能力。叶片式气动马达可在一转半的时间内升至全速。只要改变进气排气方向，即能实现正反转换向，而且回转部分惯性小，且空气本身的惯性也小，所以能快速地启动和停止。

（6）具有过载保护性能，不会因为过载而发生故障。在过载时，气动马达只是转速降低或停转，当过载解除或负载减小时，立即可以重新正常运转，并不会因过载而烧毁、产生机件损坏等故障。

（7）气动马达能长期满载工作。由于压缩空气绝热膨胀的冷却作用，能降低滑动摩擦部分的发热，因此气动马达能在高温环境下运行，其温升较小。

（8）气动马达，特别是叶片式气动马达转速高，零部件磨损快，需及时检修、清洗或更换零部件。

（9）气动马达还具有输出功率小、耗气量大、效率低、噪声大和易产生振动等缺点。

由于气动马达具有以上诸多特点，因此除被用于矿山机械中的凿岩、钻采、装载等设备中外，气动马达在船舶、冶金、化工、造纸等行业也得到了广泛应用。

（三）气动马达的选用

（1）根据工作状况选择气动马达的种类。叶片式气动马达具有体积小、质量小、结构简单的特点，但其耗气量大，一般用于中、小功率，高转速的场合，例如，其在风动工具中被广泛使用。活塞式气动马达有较大的启动扭矩和功率，结构复杂，成本高，且输出力矩和速度存在移动脉冲，主要用于低速大扭矩场合，如起重机等。

（2）根据已知参数计算所需扭矩和功率。

（3）参照产品样本选出合适的启动马达。

四、任务实训

根据要求设计出气动攻丝机的气动原理图，如图 10-11 所示，完成气动回路的连接并进行调试。

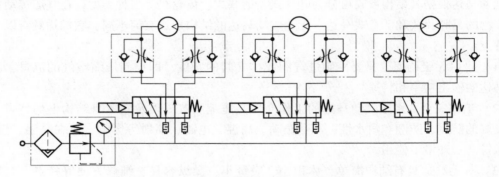

图 10-11　气动攻丝机的气动原理图

五、技能点

（1）气动马达的工作原理。

（2）气动马达的分类及特点。

六、知识拓展

其他执行元件

1．径向柱塞式气动马达

活（柱）塞式气动马达通过曲柄或斜盘将多个气缸活塞的输出力转化成回转运动的力。为达到力平衡，一般气缸数为偶数。

气缸可以径向布置和轴向布置，分别称为径向活塞式气动马达和轴向活塞式气动马达。图 10-12 所示为径向柱塞式气动马达的实物图。

活塞式气动马达有较大的启动扭矩和功率，结构复杂，成本高，且输出力矩和速度存在移动脉冲，主要用于低速大扭矩场合。

2. 气动手指

气动手指又名气动夹爪或气动夹指，是利用压缩空气作为动力，用来夹取或抓取工件的执行装置。气动手指最初起源于日本，后被国内自动化企业广泛采用。初期根据样式通常可分为 Y 形夹指和平形夹指，缸径分为 16 mm 和 20 mm 两种，其主要作用是替代人的抓取工作，可有效地提高生产效率及工作的安全性。

图 10 – 12　径向柱塞式气动马达的实物图

气动手指气缸能实现各种抓取功能，是现代气动机械手的关键部件。手指气缸的特点有：

（1）所有的结构都是双作用的，能实现双向抓取，可自动对中，重复精度高。

（2）抓取力矩恒定。

（3）在气缸两侧可安装非接触式行程检测开关。

（4）有多种安装、连接方式。

（5）耗气量少。

气动手指气缸常用的有以下几种形式。

图 10 – 13 所示为各种气动手指的工作原理。其中，如图 10 – 13（a）所示平行手指的手指是通过两个活塞动作的。每一活塞由一个滚轮和一个双曲柄与气动手指相连，形成一个特殊的驱动单元。这样，气动手指总是轴向对心移动，而每个手指是不能单独移动的。如果手指反向移动，则先前受压的活塞处于排气状态，而另一个活塞处于受压状态。如图 10 – 13（b）所示摆动手指的活塞杆上有一个环形槽，由于手指耳轴与环形槽相连，因而手指可同时移动且自动对中，并确保抓取力矩始终恒定。如图 10 – 13（c）所示旋转手指的动作是按照齿条的啮合原理工作的。活塞与一根可上下移动的轴固定在一起，轴的末端有 3 个环形槽，这些槽与两个驱动轮啮合。因而，气动手指可同时移动并自动对中，齿轮齿条原理确保了抓取力度始终恒定。如图 10 – 13（d）所示三点手指的活塞上有一个环形槽，每一个曲柄与一个气动手指相连，活塞运动能够驱动三个曲柄动作，因而可控制三个手指同时打开和合拢。

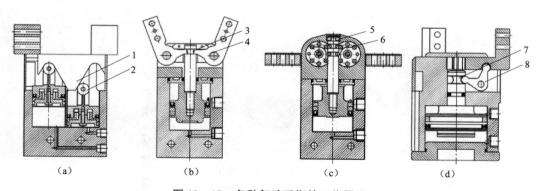

图 10 – 13　各种气动手指的工作原理

（a）平行手指；（b）摆动手指；（c）旋转手指；（d）三点手指

1—双曲柄；2—滚轮；3、5、7—环形槽；4—耳轴；6—驱动轮；8—曲柄

图 10 – 14 所示为气动手指剖面结构及实物。

图 10 – 14　气动手指剖面结构及实物

（a）剖面结构；（b）平行手指；（c）摆动手指；

（d）旋转手指；（e）三点手指

3．气动肌腱

气动肌腱，又称为人工肌肉，是一种仿生型的气动元件。如图 10 – 15 所示，气动肌腱由一个柔性软管构成的收缩系统和连接器组成。当压缩气体进入柔性软管时，气动肌腱就在径向上扩张，长度变短，产生拉应力，并在径向有收缩运动。气动肌腱最大行程可达到额定长度的 25%，可产生比传统气动驱动器驱动力大 10 倍的力，而且具有良好的密封性，不受污垢、沙子和灰尘影响。其特点是：

（1）仿生气动肌腱相当于一个单作用驱动执行元件，其拉伸力是同样直径的普通单作用气缸的 10 倍，而质量仅为普通单作用气缸的几分之一。

（2）与能产生相等力的气缸相比，它的耗气量仅为普通气缸的 40%。

（3）抗污、抗尘、抗沙能力强，甚至在水中也能应用自如。

（4）携带方便，是世界上唯一能被卷折起来随身携带的气动驱动器。

（5）能根据用户要求，用剪刀随时度量其长度，以制作成所需的气动驱动器。

（6）工作时动态特性优越，当工作行程临近终点时无蠕动现象。在低速运动时无爬行、黏沾现象，也无猛冲不稳定现象。

（7）尽管仿生气动肌腱结构简单，但可根据输入压力大小自动调节输出力的大小，可用于定位。

（8）无运动部件，因此无泄漏现象。清洁优势十分突出，尤其是在驱动空气与环境分离的工况条件下。

（a）　　　　　　　　　　　　　　　（b）

图 10 – 15　气动肌腱的应用与实物

（a）应用；（b）实物

第三节　方向控制元件的选用

一、任务引入

图 10-16 所示为数控铣床。数控铣床的换刀和主轴内孔清洁是靠压缩空气来实现的。夹刀机构松开刀具、取出刀具，同时主轴吹气嘴喷出压缩空气，清洁主轴内孔，当气压降低到调整值时，停止吹气，然后装上刀具，压缩空气再驱动气缸夹紧刀具。整个工作过程是如何完成的呢？

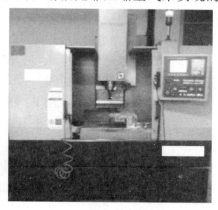

图 10-16　数控铣床

二、任务分析

在整个换刀过程中，为了实现换刀和吹气的整个过程（必须保证按设计好的程序是气缸伸出或缩回，以及吹气与停止），需要有方向控制元件对整个机构的气缸实现伸出与缩回、吹气与停止的方向控制。因此，需要熟悉方向控制阀的工作原理、性能特点以及使用要求等。

三、基本知识

方向控制阀是在气压传动系统中通过改变压缩空气的流动方向和气流的通断来控制执行元件启动、停止及运动方向的气动元件。

（一）方向控制阀的分类

方向控制阀的规格品种繁多，分类方法也各异，其主要的分类方法有以下几种。

1. 按阀内气流的流通方向分

方向控制阀按阀内气流的流通方向可分为单向阀和换向阀两种，其阀芯结构主要有截止式和滑阀式。气体只能沿着一个方向流动的控制阀称为单向控制阀，如单向阀、梭阀、双压阀和快速排气阀等；可以改变气体流动方向的控制阀称为换向控制阀，如气控阀、电磁阀、手动阀、机控阀等。

2. 按控制方式分

方向控制阀可分为电磁控制、气压控制、人力控制和机械控制四类。

（1）电磁控制：利用电磁线圈通电时，静铁芯对动铁芯产生电磁吸力，使阀芯切换来改变气流方向的电磁控制换向阀，简称电磁阀。它易于实现电-气联合控制并能实现远程控制。

（2）气压控制：依靠气压力使阀芯切换来改变气流方向的阀，称为气控阀。气压控制又可分为加压控制、卸压控制、压差控制和延时控制等几种形式。

① 加压控制是指输入的控制信号是逐渐上升的。这种方式使用较多，有单气控和双气控之分。

② 卸压控制是指输入的控制信号逐渐降低，当压力降至某一值时阀芯便切换。

③ 压差控制是利用阀芯两端受控制信号压力作用的有效面积不相等，在气压差值作用

下使阀芯动作而换向。

④ 延时控制是利用气体经过小孔或缝隙节流后向气室充气，经过一定时间后，气室内压力上升到一定值后推动阀芯动作和换向，从而达到信号延时输出的目的。

（3）人力控制：依靠人力使阀切换的换向阀称为人力控制换向阀，简称人控阀，它有手动阀和脚踏阀两大类。

（4）机械控制：利用凸轮、滑块或其他机械外力推动阀芯动作，并使其换向的阀称为机械控制换向阀，简称机控阀。

3．按阀的通口数分

方向阀的切换通口包括入口、出口和排气口。按通口数目分有二通阀、三通阀、四通阀、五通阀以及五通以上的阀。

二通阀有一个进气口（用 P、IN 或 SUP 表示）和一个出气口（用 A 或 OUT 表示）。

三通阀有一个进气口、一个出气口和一个排气口（用 O、R 或 EXH 表示）。当有一个进气口和两个出气口时，可作分配阀；当有两个进气口和一个出气口时，可作选择阀使用。

二通阀与三通阀有常通式和常闭式。

四通阀有一个进气口、两个出气口（用 A 和 B 表示）和一个排气口（用 R 表示）。

五通阀有一个进气口、两个出气口（用 A 和 B 表示）和两个排气口（用 O_1 和 O_2 或 R_1 和 R_2 表示）。各种通路换向阀的图形符号如表 10 - 1 所示。

表 10 - 1　各种通路换向阀的图形符号

名称	二通阀		三通阀		四通阀	五通阀
	常闭	常通	常闭	常通		
图形符号	A／P	A／P	A／P R	A／P R	A B／P R	A B／R_1 P R_2

4．按阀芯的工作位置数分

方向阀的工作位置简称"位"，阀芯有几个工作位置就称为几位阀。常见的有二位换向阀和三位换向阀。

阀在静止位置时的状态称为零状态，此时称阀处于中间位置（简称中位），在中位时各通口的通断状态称为中位机能。若输出口与排气口相通则称中位卸压式，若输出口与输入口相通则称中位加压式。在绘制系统图时，一般情况下，换向阀接入系统的那一个位置就是阀的中位，对于二位阀，靠近弹簧端为中位；而对于三位阀，处于中间的位置为中位。

5．按阀芯结构分

常用的换向阀阀芯结构形式有滑柱式、截止式和滑柱截止式等，最常用的是滑柱式。

6．按连接方式分

换向阀的连接方式有管式连接、板式连接、集成式连接和法兰连接等。对于不复杂的气动系统，用管式连接简单、方便。板式连接需要专门的连接块，拆装时不必拆卸管路，对于复杂的系统，板式连接维护方便。集成式连接就是将多个板式连接的阀安装在集成块上，这些阀共用气源口和排气口，这种连接方式可以节省空间、减少配管且易于维护。法兰连接主要用于大口径管道。

（二）单向控制阀

单向控制阀是指只允许气流沿一个方向流动的阀，主要包括单向阀、快速排气阀、梭阀等。

1. 单向阀

图 10-17 所示为单向阀的结构和实物。单向阀是指气流只能向一个方向流动而不能反向流动的阀。与液压单向阀相比，气动单向阀阀芯和阀座之间有一层密封垫，其他结构与液压单向阀基本相同。

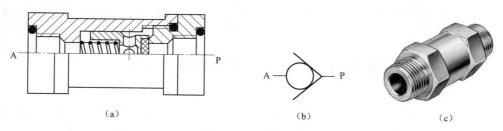

（a）　　　　　　　　　　（b）　　　　　　　　　（c）

图 10-17　单向阀

（a）结构；（b）图形符号；（c）实物

单向阀应用于不允许气流反向流动的场合，如空压机向储气罐充气时，在空压机与储气罐之间设置一个单向阀，当空压机停止工作时，可防止气罐中的压缩空气回流到空压机。

单向阀常与节流阀、顺序阀等组合成单向节流阀和单向顺序阀。

2. 快速排气阀

图 10-18 所示为快速排气阀的结构和图形符号。快速排气阀又称快排阀，其作用是加快气缸排气腔排气，以提高气缸运动速度。快速排气阀通常装在换向阀与气缸之间，使气缸的排气不需要通过换向阀而快速完成，从而加快了气缸往复运动的速度，主要应用于快速往复运动回路。

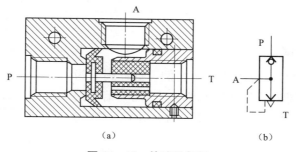

（a）　　　　　　　　　　（b）

图 10-18　快速排气阀

（a）结构；（b）图形符号

3. 梭阀

1）或门梭阀

或门梭阀的结构相当于两个单向阀的组合，在气动逻辑回路中起到"或"门的作用。在气压传动系统中，当两个通路 P_1 和 P_2 均与另一通路 A 相通，而不允许 P_1 与 P_2 相通时，就要用或门梭阀，可用于实现操作方式的转换（如手动和电动操作方式的转换）。

图 10-19 所示为或门梭阀的结构、工作原理和图形符号。其中，图 10-19（a）所示

为或门梭阀的结构。当 P_1 进气时，将阀芯推向右边，通路 P_2 被关闭，于是气流从 P_1 进入通路 A，如图 10-19（b）所示。反之，气流则从 P_2 进入 A，如图 10-19（c）所示。当 P_1、P_2 同时进气时，哪端压力高，A 就与哪端相通，另一端就自动关闭。图 10-19（d）所示为该阀的图形符号。

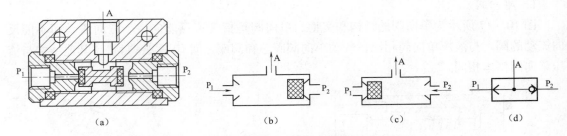

（a）　　　　　　（b）　　　　　　（c）　　　　　　（d）

图 10-19　或门梭阀的结构工作原理和图形符号

（a）结构；（b），（c）工作原理；（d）图形符号

图 10-20 所示为或门梭阀的应用实例。当按压三通手动阀按钮或使三通阀电磁阀通电时，控制信号气都经或门梭阀进入四通气控阀右腔，实现手动 - 自动回路的转换。

2）与门梭阀（双压阀）

图 10-21 所示为与门梭阀的工作原理和图形符号。与门梭阀又称双压阀，也相当于两个单向阀的组合。该阀只有当两个输入口 P_1、P_2 同时进气时，A 口才能输出。

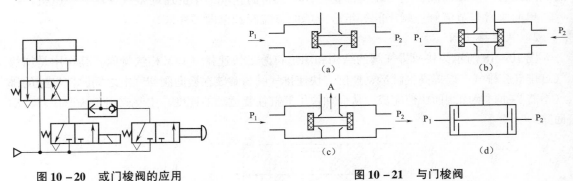

（a）　　　　　　　　　　（b）

（c）　　　　　　　　　　（d）

图 10-20　或门梭阀的应用　　　　　　**图 10-21　与门梭阀**

图 10-22 所示为与门梭阀的应用实例。行程阀 1 为工件定位信号，行程阀 2 是夹紧工件信号。当两个信号同时存在时，与门梭阀 3 才有输出，使换向阀 4 切换，气缸 5 进给，开始工作。

（三）方向控制阀的选用

正确合理地选择方向阀是保证气动系统可靠地完成其预定功能的重要条件，既可使系统优化、提高可靠性，又可降低成本，便于维护。

1. 选择原则

（1）气动系统气源压力必须符合方向阀正常工作所允许的压力范围。根据系统流量要求选择方向阀的通径，方向阀流量应大于系统所需流量。

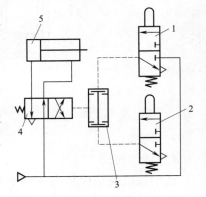

图 10-22　与门梭阀的应用

1，2—行程阀；3—与门梭阀；

4—换向阀；5—气缸

（2）根据控制要求选择其控制方式。

（3）根据系统工作要求及性能要求选择阀的机能。

（4）根据安装要求选择阀的安装方式。

（5）根据工作条件、工作环境和性能要求确定阀的类型，以满足防爆、防尘、防振等安全要求。

（6）优先选择标准化产品，减少专用元件，便于维护。

2．使用注意事项

（1）安装前检查元件与设计是否相符。

（2）配管前应彻底清除各种杂质。

（3）对于双电控换向阀，必须在控制电路中设置互锁回路，否则不能正常工作。

（4）控制阀的排气孔和先导排气孔不得堵塞。

（5）内部先导阀的进气孔不得节流。

四、任务实训

根据数控铣床气动系统工作原理，绘制出如图 10－23 所示的气动原理图，分析它是如何利用换向阀来实现其动作循环的，即通过一个二位五通换向阀控制一个气缸实现刀具的夹紧与松开、一个二位二通换向阀实现吹气和停止的动作，其动作由电气控制系统根据其动作要求和位置关系以及压力关系进行控制。

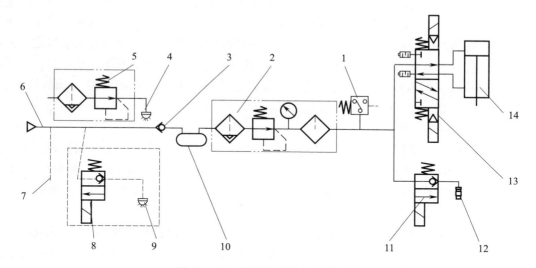

图 10－23　数控铣床的气动原理图

1—压力开关；2—气动三联件；3—单向阀；4—气幕保护接头；5—过滤减压阀；6—气源；7—接气枪接头；
8—二位二通电磁换向阀；9—工件冷却接头；10—储气罐；11—二位二通电磁换向阀；
12—主轴吹气接头；13—二位五通电磁换向阀；14—主轴松刀气缸

五、技能点

（1）方向控制阀的分类及工作原理。

（2）方向控制阀的用途。

六、知识拓展

阀　岛

随着电子技术的飞速发展，机电一体化技术越来越广泛地应用到工业设备中，自动化程度越来越高。对于一台自动化设备，其总是由传感器、控制器、执行机构、电磁阀以及操作与显示这几部分组成。随着设备和生产线的复杂程度和自动化程度的提高、管道和线路的增多，连接费时、费力，并且出现故障的环节增加，给维护和管理带来极大不便。为简化设备和生产线中各种接口，阀岛技术和现场总线技术应运而生。

阀岛（Valve Terminal）是由多个电控阀构成的控制元器件，它集成了信号输入/输出及信号的控制，犹如一个控制岛屿。

阀岛是新一代气－电一体化控制元器件，已从最初带多针接口的阀岛发展为带现场总线的阀岛，继而出现可编程阀岛及模块式阀岛。阀岛技术和现场总线技术相结合，不仅使电控阀的布线容易，也大大地简化了复杂系统的调试、性能的检测和诊断及维护工作，借助现场总线高水平一体化的信息系统，使两者的优势得到充分发挥，具有广泛的应用前景。

（一）带多针接口的阀岛

传统的配线方法是从控制器引出的输出控制信号、输入信号在电磁阀处通过接线端子连接后再分别接到不同的电磁阀上，而使用带多针接口的阀岛后可编程控制器的输出控制信号、输入信号均通过一根带多针插头的多股电缆与阀岛相连，由传感器输出的信号则通过电缆连接到阀岛的电信号输入口上。因此，可编程控制器与电控阀、传感器输入信号之间的接口简化为只有一个多针插头和一根多股电缆。与传统方式实现的控制系统比较可知，采用多针接口阀岛后系统不再需要接线盒。同时，所有电信号的处理、保护功能（如极性保护、光电隔离、防水等）都已在阀岛上实现。

（二）带现场总线的阀岛

使用多针接口阀岛使设备的接口大为简化，但用户还必须根据设计要求自行将可编程控制器的输入/输出口与来自阀岛的电缆进行连接，而且该电缆随着控制回路的复杂化而加粗，随着阀岛与可编程控制器间的距离增大而加长。为克服这一缺点，出现了新一代阀岛——带现场总线（Field Bus）的阀岛。

现场总线的实质是通过电信号传输方式，并以一定的数据格式实现控制系统中信号的双向传输。两个采用现场总线进行信息交换的对象之间只需一根两股或四股的电缆连接。其特点是以一对电缆之间的电位差方式传输。在由带现场总线的阀岛组成的系统中，每个阀岛都带有一个总线输入口和总线输出口，这样当系统中有多个带现场总线阀岛或其他带现场总线设备时可以由近至远串联连接。现提供的现场总线阀岛装备了目前市场上所有开放式数据格式约定及主要可编程控制器厂家自定的数据格式约定，这样，带现场总线阀岛就能与各种型号的可编程控制器直接相连接，或者通过总线转换器进行间接连接。

带现场总线阀岛的出现标志着气－电一体化技术的发展进入了一个新的阶段，为气动自动化系统的网络化、模块化提供了有效的技术手段，因此近年来发展迅速。

（三）模块式阀岛

在阀岛设计中引入了模块化的设计思想，这类阀岛的基本结构如下：

（1）控制模块位于阀岛中央。

（2）各种尺寸、功能的电磁阀位于阀岛右侧，每 2 个或 1 个阀装在带有统一气路、电路接口的阀座上。阀座的次序可以自由确定，其个数也可以增减。

（3）各种电信号的输入/输出模块位于阀岛左侧，提供完整的电信号输入/输出模块产品。

按接口形式有带独立插座、带多针插头、带 ASI 接口及带现场总线接口的阀岛。

带独立插座的阀岛通用性强，对控制器无特殊要求，配有电缆（有极性容错功能），插座上带有 LED 和保护电路，分别用以显示阀的工作状态和防止过压。

带多针插头的阀岛通过多感电缆将控制信号从控制器传输到阀岛，顶盖上不仅有电气多针插头，而且还带有 LED 显示器和保护电路。

带 ASI 接口的阀岛，其显著的一个特点是数据信号和电源电压由同一根两芯电缆同时传输。电缆的形状使用户使用时排除了极性错误。对于 ASI 接口系统，每个模块通常提供 4 个地址。因此一个 ASI 阀岛可安装 4 个二位五通单控阀或 2 个二位五通双控阀。

带现场总线接口的阀岛可与现场总线节点或控制器相连。这些设备将分散的输入/输出单元串接起来，最多可连接 4 个分支。每个分支可包括 16 个输入和 16 个输出，连接电缆同时输送电源和控制信号。也就是说，它适合控制分散元件，使阀尽可能安装在气缸附近，其目的是缩短气管长度，减少进、排气时间，并减少流量损失。

（四）可编程阀岛

鉴于模块式生产成为目前的发展趋势，同时注意到单个模块以及许多简单的自动装置往往只有 10 个以下的执行机构，于是出现了一种集电控阀、可编程控制器以及现场总线为一体的可编程阀岛，即将可编程控制器集成在阀岛上。

所谓模块式生产，是将整台设备分为几个基本的功能模块，每一个基本模块与前、后模块间按一定的规律有机地结合。模块化设备的优点是可以根据加工对象的特点，选用相应的基本模块组成整机。这不仅缩短了设备制造周期，而且可以实现一种模块多次使用，节省了设备投资。可编程阀岛在这类设备中应用广泛，每一个基本模块装用一套可编程阀岛，这样，使用时可以离线，同时对多台模块进行可编程控制器用户程序的设计和调试。这不仅缩短了整机调试时间，而且当设备出现故障时可以通过调试找出故障模块，使停机维修时间最短。

第四节　压力控制元件的选用

一、任务引入

图 10 - 24 所示为气动冲床。气动冲床在工作中只有在最后行程阶段才对外做功，也就是在最后行程才有负载，在其他行程没有负载，且行程较长。

那么，选用什么样的气动元件才能实现其工作过程，且达到节省能源的目的呢？

二、任务分析

在这类设备中，通常采用不同的压力来驱动气缸。在无负载时使用较低压力，而在最后一段有负载的行程中使用较高的压力来推动气缸，即使用双压力控制系统。为了对压力进行控制，必须了解压力控制阀的工作原理以及选用的相关知识。

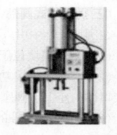

图 10-24 气动冲床

三、基本知识

压力控制阀是用于调节和控制气动系统压力大小的元件。常用的压力控制阀包括减压阀（也称调压阀）、安全阀（也称溢流阀）和顺序阀等，它们都是利用作用于阀芯上的流体（空气）压力和弹簧力相平衡的原理来进行工作的。

（一）减压阀

减压阀的主要作用就是调压和减压，它把来自气源的较高输入压力减至设备或分支系统所需的较低的输出压力，可调节并保持输出压力值的稳定，使输出压力不受系统流量、负载和压力值波动的影响。

按调节方式不同，减压阀有直动式和先导式两种，常用于气动设备之前，可根据需要用同一气源得到不同的工作压力。

1. 直动式减压阀

图 10-25 所示为直动式带溢流阀的减压阀（简称溢流减压阀）的结构及图形符号。压力为 p_1 的压缩空气从左端输入经阀口节流后，压力降为 p_2 输出。p_2 的大小可由调压弹簧

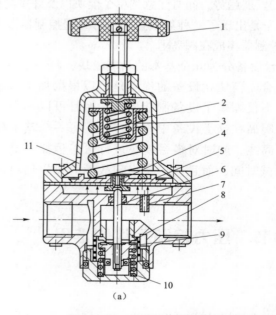

图 10-25　直动式减压阀的结构及图形符号

（a）结构；（b）图形符号

1—手柄；2，3—调压弹簧；4—溢流口；5—膜片；6—阀杆；7—阻尼孔；
8—阀芯；9—阀座；10—复位弹簧；11—排气口

2、3 进行调节。顺时针旋转手柄 1，调压弹簧 2、3 及膜片 5 使阀芯 8 向下移动，使 p_2 增大；逆时针旋转手柄 1，阀口开度减小，p_2 随之减小。

若 p_1 瞬时升高，p_2 随之升高，使膜片 5 气室内的压力也升高，在膜片 5 上产生的推力相应增大。此推力打破了原来力的平衡，使膜片 5 向上移动，少部分气流经溢流口 4、排气口 11 排出。在膜片 5 上移的同时，在复位弹簧 10 的作用下，阀芯 8 向上移动，关小进气阀口，节流阀作用增大，使输出压力下降，直至达到新的平衡为止，输出压力基本又回到原来的值。若输入压力瞬时下降，输出压力也随之下降，膜片 5 下移，阀芯 8 随之下移，进气口开大，节流作用减小，使输出压力也基本回到原来的值。

逆时针旋转手柄 1，使调压弹簧 2、3 放松，气体作用在膜片 5 上的推力大于调压弹簧的作用力，膜片向上弯曲，靠复位弹簧的作用力关闭进气口。再旋转手柄 1，进气阀芯 8 与溢流阀座 9 脱开，膜片气室中的压缩空气经溢流口 4、排气口 11 排出，使阀处于无输出状态。

可以看出，溢流减压阀是靠进气口的节流作用减压，靠膜片上力的平衡作用和溢流孔的溢流作用稳压，调节弹簧即可使输出压力在一定范围内改变。

2. 先导式减压阀

当减压阀的输出压力较高或通径较大时，用调压弹簧直接调压，则弹簧刚度较大，流量变化时，输出压力波动较大，阀的结构尺寸也将增大。为克服这些缺点，可采用先导式减压阀。先导式减压阀的工作原理与直动式基本相同。先导式减压阀的调压气体是由小型直动式减压阀供给的。若将小型直动式减压阀装在阀体内部，则称为内部先导式减压阀；若将小型直动式减压阀装在阀体外部，则称为外部先导式减压阀。

图 10-26 所示为内部先导式减压阀的结构及图形符号。与直动式减压阀比较而言，该

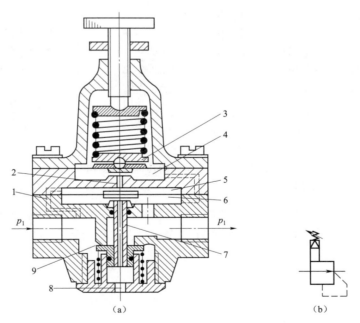

(a)　　　　　　　　　　　(b)

图 10-26　内部先导式减压阀的结构及图形符号

（a）结构；（b）图形符号

1—固定节流口；2—喷嘴；3—挡板；4—上气室；5—中气室；

6—下气室；7—阀芯；8—排气口；9—进气口

阀增加了由喷嘴 2、挡板 3、固定节流口 1 以及中气室 5 所组成的喷嘴挡板放大环节。当喷嘴与挡板之间的距离发生微小变化时，就会使中气室 5 中的压力发生明显变化，从而引起膜片有较大位移，以控制阀芯 7 的上下移动。

外部先导式减压阀与内部先导式减压阀的工作原理一样，只是外部先导式减压阀的先导部分可以与主阀分离，并可实现远程控制。

（二）溢流阀（安全阀）

溢流阀的作用是当系统压力超过调定值时便自动排气，使系统的压力下降，以保持系统压力不变，从而保证系统不因压力过高而发生安全事故，故也称安全阀。按控制方式分为直动式和先导式两种。

图 10 – 27 所示为安全阀的几种典型结构。其中，图 10 – 27（a）所示为活塞式安全阀。阀芯为一平板，气源压力作用在活塞 A 上，当压力超过由弹簧确定的安全值时，活塞被推开，一部分压缩空气从阀口排入大气；当气源压力低于安全值时，弹簧驱动活塞下移，关闭阀口。图 10 – 27（b）和图 10 – 27（c）所示分别为球阀式和膜片式安全阀，其工作原理与活塞式完全相同。这三种安全阀都是靠弹簧提供控制力，调节弹簧的预紧力即可改变安全值的大小，称为直动式安全阀。图 10 – 27（d）所示为先导式安全阀，由小型直动阀提供的控制压力作用于膜片上，膜片上的硬芯就是阀芯，压在阀座上。当气源压力大于安全压力时，阀芯开启，压缩空气从左侧输出孔排入大气。膜片式安全阀和先导式安全阀的压力特性较好、动作灵敏，但其最大开启压力较小，即流量特性较差。使用时，应根据实际需要选择安全阀的类型，并根据最大排气量选择其通径。

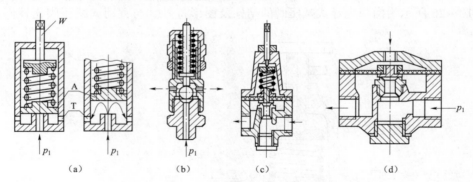

图 10 – 27　安全阀的几种典型结构

（a）活塞式安全阀；（b）球阀式安全阀；（c）膜片式安全阀；（d）先导式安全阀

溢流阀选用时其最高工作压力应略高于所需控制压力，由溢流阀配合减压阀控制缸内压力并保持恒定。当用于空压机、储气罐上作安全阀时，出厂时皆有铅封印记，未经许可，不得擅自调整。

（三）顺序阀

顺序阀的作用是依靠气路中压力的大小来控制执行机构按顺序动作。顺序阀常与单向阀并联接合成一体，成为单向顺序阀。

顺序阀的工作原理较简单，阀芯为截止阀形式，图 10 – 28 所示为顺序阀的工作原理及图形符号，图 10 – 29 所示为单向顺序阀的工作原理及图形符号，它们都是靠弹簧的预压缩量来控制阀芯开启压力的大小。

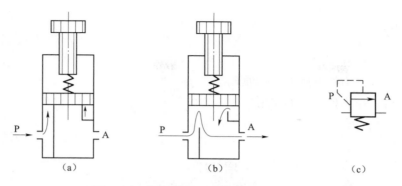

图 10 - 28 顺序阀的工作原理及图形符号

（a）关闭状态；（b）开启状态；（c）图形符号

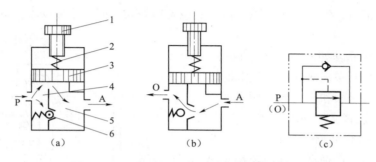

图 10 - 29 单向顺序阀的工作原理及图形符号

（a）开启状态；（b）关闭状态；（c）图形符号

1—调节螺钉；2—弹簧；3—阀芯；4—进气口；5—排气口；6—单向阀

四、任务实训

根据如图 10 - 30 所示的气动冲床气动原理，选用单活塞杆气缸，根据输出力的大小和减压阀的性能特点选择合适的减压阀，以满足回路工作要求。

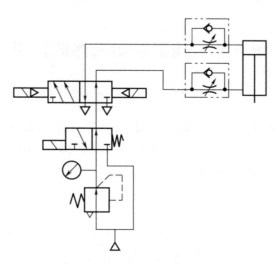

图 10 - 30 气动冲床气动原理

五、技能点

（1）了解压力控制阀的分类。
（2）了解各种压力控制阀的工作原理。
（3）掌握各种压力控制阀的作用。

六、知识拓展

增 压 器

增压器是为了确保系统正常工作而增加系统压力的设备。比如在某设备中，局部装置需要使用高于气源供气压力的压缩空气；因结构或空间的限制不能配备更大直径的气缸而又要求输出力必须保证时；气体经过远距离传输后压力损失大，需要增加压力，这些场合都需要使用增压器。

增压器的工作原理如图 10 - 31 所示，输入气压分两路：一路打开单向阀充入小气缸的增压室 A 和 B；另一路经调压阀和换向阀向驱动室 B 充气，驱动室 A 排气，这样大活塞向左移动，小气缸 B 室增压，打开单向阀从出口输出高压气体。小活塞走完行程，使换向阀换向，此时驱动室 A 充气、驱动室 B 排气，大活塞反向移动，增压室 A 增压，打开单向阀继续从输出口输出高压气体。以上动作反复进行，输出口便可连续不断地输出高压气体。出口压力反馈到调压阀，使出口压力自动保持在某一数值。调节调压阀压力的大小，就可以改变出口压力。为了减少出口压力的波动，出口侧应设置一定容积的储气罐。

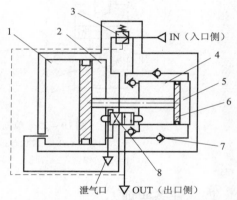

图 10 - 31　增压器的工作原理
1—驱动室 A；2—驱动室 B；3—调压阀；
4—增压室 B；5—增压室 A；6—活塞；
7—单向阀；8—换向阀

第五节　流量控制元件的选用

一、任务引入

在使用气动装置驱动某机构运动时，要求执行元件在空行程时做快速运动，而在工作行程时做慢速运动，以此节约空行程的运动时间，提高生产效率。那么，如何控制元件的运动速度？又怎样调节才能达到需要的效果呢？

二、任务分析

在许多气动装置中，执行元件的速度都是可以控制和调节的。在气缸工作时，影响气缸运动速度的因素很多，包括工作压力、缸径以及气流通流截面面积等。一般情况下，都是通过改变节流阀的通流截面的大小来控制进入或排出气缸的气体流量，从而实现气缸运动速度的控制的。因此，需要了解节流阀的结构、工作原理以及选用要点。

三、基本知识

（一）流量控制原理

在气动系统中，通常需要对压缩空气的流量进行控制，比如对气缸运动速度、延时阀的延时时间等的调节，这些都是通过改变流量控制阀开口的大小来实现流量控制的。流量控制就是在管路中增加局部阻力，通过改变局部阻力的大小就能实现控制流量的大小。

控制流量大小的方法主要有两种：一是不可调节的流量控制，如孔板、细长管、缝隙等；二是可调节的流量控制，如各种流量控制阀等。

（二）流量控制阀的分类及工作原理

流量控制阀按照功能不同可分为节流阀、单向节流阀、柔性节流阀、排气节流阀等。单向节流阀又可分为进气单向节流阀和排气单向节流阀。

1. 节流阀

节流阀是将空气的流通截面缩小以增加气体的流通阻力，而降低气体的压力和流量。如图 10-32 所示，阀体上有一个调整螺钉，可以调节流阀的开口度（无级调节），并可保持其开口度不变，此类阀称为可调节开口节流阀。流通截面固定的节流阀称为固定开口节流阀。

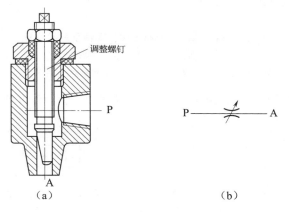

图 10-32　节流阀的结构及图形符号

（a）结构；（b）图形符号

节流阀的结构形式有多种，典型结构如图 10-33 所示，有平板阀、针阀、球阀等，其中针阀使用最广泛，它能实现精确的小流量控制，在较大的流量控制范围内，阀芯的开口度与流量呈线性关系。

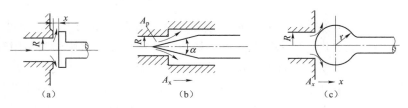

图 10-33　节流阀的结构形式

（a）平板阀；（b）针阀；（c）球阀

可调节流阀常用于调节气缸活塞运动速度，若有可能，应直接安装在气缸上。这种节流阀有双向节流作用。使用节流阀时，节流面积不宜太小，否则会因空气中的冷凝水、尘埃等塞满阻流口通路而引起节流量的变化。

2. 单向节流阀

单向节流阀是由单向阀和节流阀组合而成的，常用于控制气缸的运动速度，也称为速度控制阀。

如图 10－34 所示，当气流从 P 口进入时，单向阀被顶在阀座上，空气只能从节流口流向出口 A，流量被节流阀节流口的大小所限制，调节螺钉可以调节节流面积。当空气从 A 口进入时，推开单向阀自由流到 P 口，不受节流阀限制。

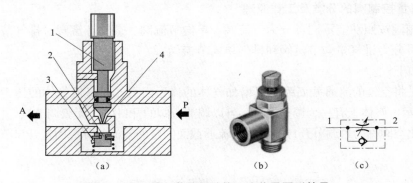

图 10－34　单向节流阀结构、实物及图形符号

（a）结构；（b）实物；（c）图形符号

1—调节针阀；2—单向阀阀芯；3—压缩弹簧；4—节流口

利用单向节流阀控制气缸的速度有进气节流和排气节流两种方式，其应用原理如图 10－35 所示。

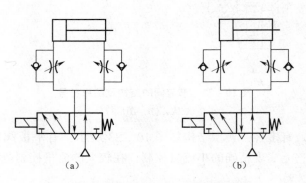

图 10－35　单向节流阀控制回路

图 10－35（a）所示为排气节流控制，它是控制气缸排气量的大小，而进气是满流的。这种控制方式能为气缸提供背压来限制速度，故速度稳定性好，常用于双作用气缸的速度控制。单向节流阀用于气动执行元件的速度调节时应尽可能直接安装在气缸上。

图 10－35（b）所示为进气节流控制，它是控制进入气缸的流量以调节活塞的运动速度。采用这种控制方式，如活塞杆上的负荷有轻微变化，将导致气缸速度的明显变化。因此速度稳定性差，仅用于单作用气缸、小型气缸或短行程气缸的速度控制。

一般情况下，单向节流阀的流量调节范围为管道流量的 20% ~ 30%。对于要求能在较宽范围里进行速度控制的场合，可采用单向阀开度可调的速度控制阀。

3．柔性节流阀

图 10 - 36 所示为柔性节流阀结构，它是依靠阀杆夹紧柔韧的橡胶管而产生节流作用，也可以利用气体压力来代替阀杆压缩胶管。其特点是结构简单、压降小、动作可靠性高、对污染不敏感，通常工作压力范围为 0.30 ~ 0.63 MPa。

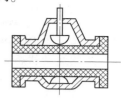

图 10 - 36　柔性节流阀结构

4．排气节流阀

排气节流阀的节流原理和节流阀一样，也是靠调节通流面积来调节阀的流量的。它们的区别是，节流阀通常是安装在系统中调节气流的流量，而排气节流阀只能安装在排气口处，调节排入大气的流量，以此来调节执行机构的运动速度。

图 10 - 37 所示为排气节流阀的，气流从 A 口进入阀内，由节流口 1 节流后经消声套 2 排出，因而它不仅能调节执行元件的运动速度，还能起到降低排气噪声的作用。

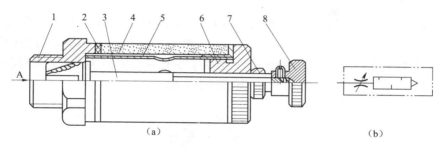

图 10 - 37　排气节流阀

（a）结构；（b）图形符号

1—阀座；2—垫圈；3—阀芯；4—消声套；5—阀套；6—锁紧法兰；7—锁紧螺母；8—旋钮

排气节流阀通常安装在换向阀的排气口处，与换向阀联用，起单向节流阀的作用。它实际上只不过是节流阀的一种特殊形式。由于其结构简单、安装方便、能简化回路，故应用日益广泛。

（三）流量阀的选用

因气体具有压缩性，用气动流量控制阀对气动执行元件进行调速比较困难，所以选择流量控制阀时通常要考虑以下因素，以防止产生爬行。

（1）根据气动执行元件的进、排气口通径来选择。

（2）根据流量控制阀对气缸运动速度的调节范围来选择。

（3）流量控制阀难以对气缸进行低速控制，当速度低于 50 mm/s 时，需采用其他控制方法。

（4）管道上不能有漏气现象。

（5）气缸、活塞的润滑状态要良好。

（6）流量控制阀应尽量安装在气缸或气动马达附近。

（7）尽可能采用出口节流的调速方式。

（8）外加负载应尽量恒定。若外负载变化较大，又要求运行平稳、无冲击时，应借助液压或机械装置（如气－液联动）来补偿由于负载变化造成的速度变化。

四、任务实训

分析正文中图 10－35 所示的气动原理，比较两种控制方式的区别，并分析气缸在负载一定时气缸的运动状态有何不同。

五、技能点

（1）流量控制元件的工作原理。
（2）流量控制元件的分类。
（3）流量控制元件的应用。

六、知识拓展

行程节流阀

图 10－38 所示为行程节流阀的工作原理。行程节流阀依靠滚轮、杠杆、碰块等机械方式控制节流阀开口大小来实现流量调节，通过调节杠杆的复位位置来决定节流阀的最大开度。它可以满足进给系统快进、慢进和快退的需要，其慢进是靠撞块或凸轮来控制的。设计不同的撞块或凸轮后也可以用于需要几种慢速进给的场合。

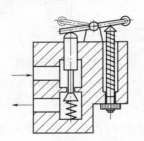

图 10－38　行程节流阀的工作原理

习题与思考题

10－1　简述常见气缸的类型、功能及作用。

10－2　气动方向阀有哪些类型？分别有什么作用？

10－3　减压阀是如何实现减压调压的？

第十一章　气压传动回路

任务导读

1. 气动系统分析方法。
2. 气动系统中各个元器件的作用及性能。
3. 基本回路与常见回路。

第一节　气压传动回路认知

一、任务引入

加工中心是现代企业重要的自动化生产设备，它可以根据各种生产的需要按照预定的控制程序、运动轨迹和工艺要求，完成自动换刀、自动夹紧工件、零件加工等一系列工作。因此，加工中心广泛用于国民经济的各行业，以降低工人的劳动强度，保证加工质量，提高加工效率等。图 11 - 1 所示为立式加工中心。根据加工中心的工作要求分析其气动自动换刀系统的控制动作。

图 11 - 1　立式加工中心

二、任务分析

气动自动换刀系统由三个气缸和一个喷气接头组成，可实现主轴定位、主轴松刀和拔刀、主轴内孔吹气清洁、装刀、刀具夹紧、定位气缸复位等几个动作。

为了完成对加工中心气动换刀动作的分析，需要了解气动常用回路，熟悉气动系统的方向、压力和速度的控制。

三、基本知识

气动系统一般由最简单的基本回路组成。虽然基本回路相同，但由于组合方式不同，故所得到的系统的性能也各有差异。按回路控制的不同功能可将气动回路分为方向控制回路、压力控制回路、速度控制回路等。

（一）方向控制回路

方向控制回路是用换向阀控制压缩空气的流动方向，来实现控制执行机构运动方向的回路，简称换向回路。方向阀按通路数可分为二通、三通、四通及五通等，利用这些方向控制阀可构成各种换向控制回路。

1. 单作用缸换向回路

图 11－2（a）所示为二位三通电磁阀控制的单作用气缸上、下回路，该回路中，当电磁铁得电时，气缸向上伸出，失电时气缸在弹簧作用下返回。图 11－2（b）所示为三位五通电磁阀控制的单作用气缸上、下和停止的回路，该阀在两电磁铁均失电时能自动对中，使气缸停于任何位置，但定位精度不高，且定位时间不长。

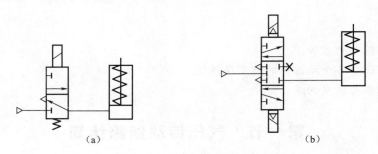

（a）　　　　　　　　　　　　　　　　（b）

图 11－2　单作用缸换向回路

2. 双作用缸换向回路

图 11－3 所示为各种双作用缸的换向回路。

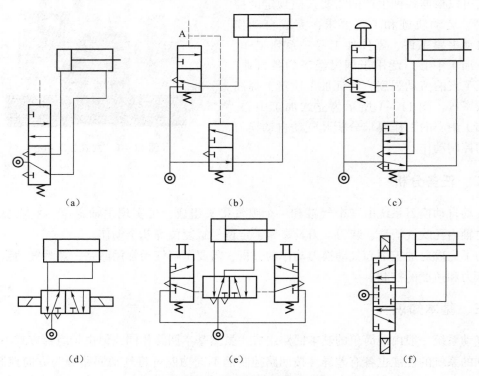

（a）　　　　　　　　　（b）　　　　　　　　　（c）

（d）　　　　　　　　　（e）　　　　　　　　　（f）

图 11－3　双作用缸换向回路

图 11－3（a）所示为简单换向回路；图 11－3（b）中只有当 A 有气时，气缸才能伸出，反之则缩回；图 11－3（c）中可用小通径手动换向阀控制二位五通阀换向回路；图 11－3（d）所示为双电控二位五通阀换向回路；图 11－3（e）所示为两个手动阀控制的二位五通阀换向

回路；图 11-3（f）所示为双电控三位五通阀换向回路。

双作用缸通常采用二位五通换向阀或三位五通换向阀来实现方向的控制。如图 11-3（f）所示，用三位五通换向阀可控制双作用气缸的伸缩或任意位置停止，但定位精度不高。换向阀的控制方式也有单电控制和双电控制之分，对单电控制而言，如果气缸在伸出时突然失电，则换向阀立即复位，气缸返回；而双电控制相当于具有逻辑记忆功能，是双稳阀，当气缸伸出时突然失电，气缸将保持原有状态不变，双电控的两个电磁铁和两个按钮均不能同时动作。

（二）压力控制回路

在气动系统中，为了使系统正常工作，使系统中有关回路的压力保持在一定范围内，或者根据需要使回路得到高、低不同的气体压力，并且保证系统安全、可靠、经济，这就需要使用压力控制回路。所谓压力控制回路就是对系统压力进行调节和控制的回路。

1. 一次压力回路

图 11-4 所示为一次压力回路，也称气源压力控制回路。此回路用于控制储气罐的压力，使之不超过规定的压力值。常用外控溢流阀 1 或电接点压力表 2 来控制空气压缩机的转、停，使储气罐内压力保持在规定范围内。一旦储气罐压力超过一定值，溢流阀即起安全保护作用。采用溢流阀结构简单、工作可靠，但气量浪费大；电接点压力表对电动机及控制要求高，常用于对小型空压机的控制。常用压力继电器代替电接点压力表，以简化控制回路。

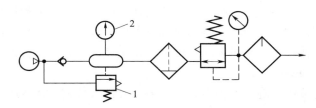

图 11-4 一次压力回路

1—外控溢流阀；2—电接点压力表

2. 二次压力回路

图 11-5 所示为二次压力控制回路及图形符号。二次压力控制回路是每台气动设备的气源进口处的压力调节回路，用以控制和稳定设备气动控制系统的气源压力，是气动设备中必不可少的常用回路，主要采用溢流式减压阀来调整压力。如气动系统中不需要润滑，则可不用油雾器。

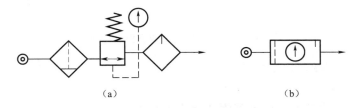

（a）   （b）

图 11-5 二次压力回路及图形符号

3. 高低压切换回路

图 11-6 所示为利用换向阀和减压阀实现高低压切换输出的回路。图 11-6（a）回路中利用两个减压阀分别得到不同的气体压力；图 11-6（b）是利用换向阀控制分时输出高低压

不同的两个压力，适用于负载变化较大的场合。利用该回路的演化还可以实现远程多级压力控制。

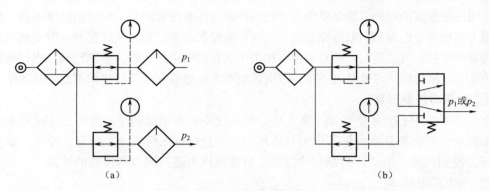

图 11-6　高低压切换回路

（三）速度控制回路

速度控制回路是用来调节气缸的运动速度或实现气缸的缓冲等的控制回路，其可通过控制进入或排出执行元件的气流量来控制气动执行元件的运动速度。

气压传动的速度控制所传递的功率不大，一般采用节流调速，但因气体的可压缩性和膨胀性远比液体大，故气压传动中气缸的节流调速在速度平稳性上的控制远比液压传动中的困难，速度负载特性差，动态响应慢。特别是在较大变负载同时又有比较高的速度控制要求的情况下，单纯的气压传动难以满足要求，此时可采用气-液联动的方法。

1. 单作用缸速度控制回路

图 11-7 所示为单作用缸速度控制回路。在图 11-7（a）中，升、降均通过节流阀调速，两个相反方向安装的单向节流阀可分别控制活塞杆的伸出及缩回速度。在图 11-7（b）所示的回路中，气缸伸出时可调速，返回时则通过快排气阀排气，使气缸快速返回。

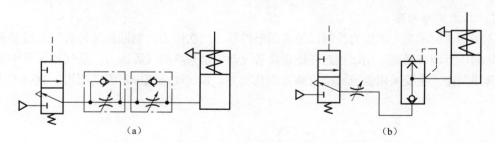

图 11-7　单作用缸速度控制回路

2. 双作用缸速度控制回路

1）单向调速回路

双作用缸有节流供气和节流排气两种调速方式。

图 11-8（a）所示为节流供气调速回路，当气控换向阀不换向时，进入气缸 A 腔的气流流经节流阀，而 B 腔排出的气体直接经换向阀快排。当节流阀开度较小时，由于进入 A 腔的流量较小，压力上升缓慢，当气压达到能克服负载时，活塞前进，此时 A 腔容积增大，使压缩空气膨胀，压力下降，作用在活塞上的力小于负载，因而活塞停止前进。待压力再次上升时，

活塞才再次前进。这种由于负载及供气的原因使活塞忽走忽停的现象，称为气缸的"爬行"。

节流供气的不足之处主要表现为：

（1）当负载方向与活塞运动方向相反时，活塞运动易出现不平稳现象，即"爬行"现象。

（2）当负载方向与活塞运动方向一致时，由于排气经换向阀快排，几乎没有阻尼，负载易产生"跑空"现象，使气缸失去控制。所以节流供气多用于垂直安装的气缸的供气回路中，在水平安装的气缸的供气回路中一般采用如图 11 - 8（b）所示的节流排气的回路。当气控换向阀不换向时，从气源来的压缩空气经气控换向阀直接进入气缸的 A 腔，而 B 腔排出的气体必须经节流阀到气控换向阀而排入大气，因而 B 腔中的气体就具有一定的压力。此时活塞在 A 腔与 B 腔的压力差作用下前进，减少了"爬行"发生的可能性。调节节流阀的开度，即可控制不同的排气速度，从而也就控制了活塞的运动速度。

排气节流调速回路的特点是气缸的速度随负载变化较小，运动较平稳，并能承受与活塞运动方向相同的负载（反向负载）。

以上所述，适用于负载变化不大的情况。当负载突然增大时，由于气体的可压缩性，就迫使气缸内的气体压缩，使活塞运动速度减慢；反之，当负载突然减小时，气缸内被压缩的空气必然膨胀，使活塞运动加快，把这种现象称为气缸的"自走"现象。因此，在要求气缸具有准确而平稳的速度时（尤其在负载变化较大的场合），就要采用气 - 液相结合的调速方式了。

2）双向调速回路

在气缸的进、排气口各装设节流阀，就组成了双向调速回路。图 11 - 9（a）所示为采用单向节流阀的双向节流调速回路，图 11 - 9（b）所示为采用排气节流阀的双向节流调速回路。

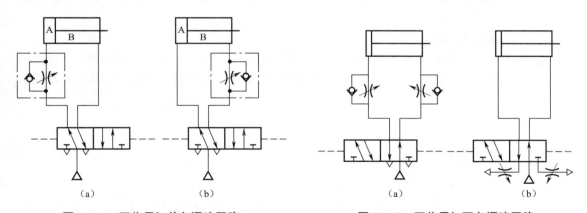

图 11 - 8　双作用缸单向调速回路　　　　图 11 - 9　双作用缸双向调速回路

3）速度换接回路

如图 11 - 10 所示的速度换接回路，利用两个二位二通阀与单向节流阀并联，当撞块压下行程开关时，发出电信号，使二位二通阀换向，改变排气通路，从而使气缸速度改变。行程开关的位置可根据需要选定。图 11 - 10 中二位二通阀也可改用行程阀。

4）快速往复运动回路

将图 11 - 9（a）中两个单向节流阀换成快速排气阀就构成了快速往复运动回路，如图 11 - 11 所示。若欲实现气缸单向快速运动，可只采用一个快速排气阀。

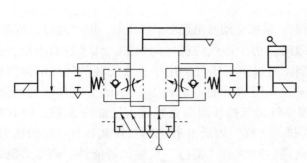

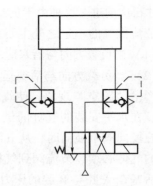

图 11－10　速度换接回路　　　　　　　图 11－11　快速往复运动回路

（四）其他控制回路

1. 同步动作回路

同步控制是指驱动两个或两个以上的执行机构时，使它们在运动过程中位置或速度保持一致。同步控制实质上也是一种速度控制。当各个执行机构的负载发生变化时，要使其同步比较困难。为使多个机构实现同步，通常采用的方法包括：一是使进入或排出执行机构的气体流量尽可能保持一致；二是利用机械连接使各执行结构同步动作。

1）刚性连接的同步回路

图 11－12 所示为刚性连接的同步回路，即采用刚性零件把两尺寸相同的气缸的活塞杆连接起来，使其同步动作。

该回路对机械精度要求高，否则会影响同步精度，同时两缸距离不能太大，否则机构较复杂。

2）气－液缸同步回路

图 11－13 所示为由气－液组合缸串联的同步回路，其特点是能保证速度同步，即使两缸负载不等时，也能保证运动同步。该回路的要求是缸 2 有杆腔的面积必须与缸 1 无杆腔的面积相等。

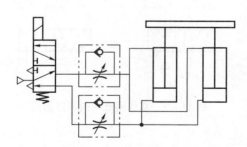

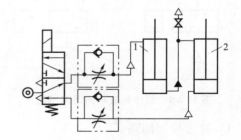

图 11－12　刚性连接的同步回路　　　　　图 11－13　气－液组合缸串联的同步回路

2. 安全保护回路

1）过载保护回路

图 11－14 所示为过载保护回路。此回路中，按下手动换向阀 1，在活塞杆伸出的过程中若遇到障碍 6，无杆腔压力升高，打开顺序阀 3，使换向阀 2 换向，阀 4 随即复位，活塞立即退回，实现过载保护。若无障碍 6，则气缸向前运动时压下阀 5，活塞即刻返回。

2）双手操作回路

图 11 – 15 所示为双手操作回路，只有同时按下两个启动用手动换向阀气缸才动作，对操作人员的手起到安全保护作用，主要应用在冲床、锻压机床上。

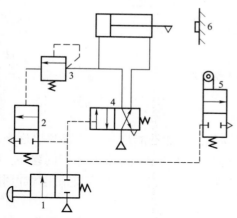

图 11 – 14　过载保护回路

1—手动换向阀；2，4—气控换向阀；3—顺序阀；

5—机控换向阀；6—挡铁

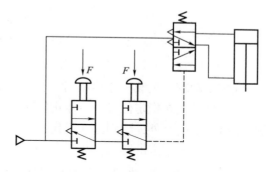

图 11 – 15　双手操作回路

3）互锁回路

图 11 – 16 所示为互锁回路。四通阀的换向受三个串联的机动三通阀控制，只有三个都接通，主控阀才能换向。

3．力控制回路

气动系统一般压力较低，所以往往是通过改变执行元件的受力面积来增加输出力的。

1）串联气缸回路

图 11 – 17 所示为串联缸增力回路，即通过控制电磁阀的通电个数，实现对分段式活塞缸的活塞杆输出推力的控制。

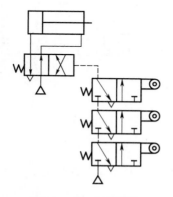

图 11 – 16　互锁回路

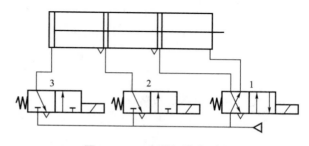

图 11 – 17　串联缸增力回路

2）利用气 – 液增压器的增力回路

如图 11 – 18 所示，利用气 – 液增压器 1 把较低的气压变为较高的液压力，提高了气液缸 2 的输出力。

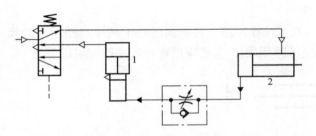

图 11 – 18　气 – 液增压器增力

1—气 – 液增压器；2—气液缸

4. 缓冲回路

气缸驱动较大负载高速运动时，会产生很大的动能，将此动能从某一位置开始逐渐减少，最终使负载在指定位置平稳停止的回路称为缓冲回路。要获得气缸行程末端的缓冲，除采用带缓冲的气缸外，特别是在行程长、速度快、惯性大的情况下，往往需要采用缓冲回路来满足气缸运动速度的要求。

如图 11 – 19 （a） 所示的缓冲回路能实现快进→慢进→缓冲→停止→快退的循环，行程阀可根据需要来调整缓冲开始位置，这种回路常用于惯性力大的场合。如图 11 – 19 （b） 所示的缓冲回路，当活塞返回到行程末端时，其左腔压力已降至打不开顺序阀 2 的程度，余气只能经节流阀 1 排出，因此活塞也能得到缓冲。

如图 11 – 19 所示的回路只能实现一个运动方向上的缓冲，若两侧均安装此回路，则可达到双向缓冲的目的。

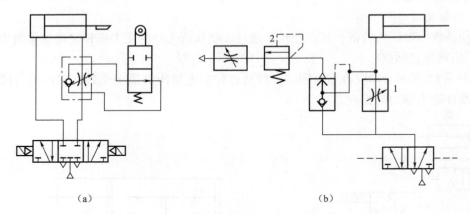

（a）　　　　　　　　　　　　　　　（b）

图 11 – 19　缓冲回路

1—节流阀；2—顺序阀

5. 气 – 液联动调速回路

由于空气的可压缩性，在低速及传动负载变化较大的场合可采用气 – 液转换回路，达到传动平稳、定位精度高和速度控制容易的目的，从而克服难以实现气动低速控制的缺点。

如图 11 – 20 所示，利用气 – 液转换器将气压变成液压，驱动液压缸运动，从而得到平稳易控制的活塞运动速度，来调节节流阀的开度，即可改变液压缸的运动速度。这种回路充分发挥了气动供气方便和液压速度容易控制的特点。

图 11 - 21 所示为气 - 液阻尼缸的速度控制回路。图
11 - 21（a）所示为慢进快退回路，改变单向节流阀的开
度，即可控制活塞的前进速度；活塞返回时，气 - 液阻尼
缸中液压缸的无杆腔的油液通过单向阀快速流入有杆腔，
故返回速度较快，高位油箱起补充泄漏油液的作用。
如图 11 - 21（b）所示回路能实现机床工作循环中常用的
快进→工进→快退的动作。当有信号 K_2 时，五通阀换向，
活塞向左运动，液压缸无杆腔中的油液通过 a 口进入有杆
腔，气缸快速向左前进；当活塞将 a 口关闭时，液压缸无
杆腔中的油液被迫从 b 口经节流阀进入有杆腔，活塞工作
进给；当信号 K_2 消失，有信号 K_1 输入时，五通阀换向，
活塞向右快速返回。

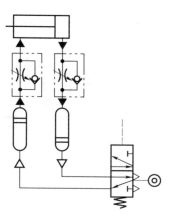

图 11 - 20　气 - 液转换器的
速度控制回路

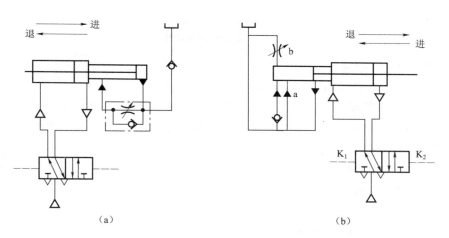

（a）　　　　　　　　　　　　　（b）

图 11 - 21　气 - 液阻尼缸的速度控制回路

6. 往复控制回路

往复控制回路指在气动回路中，各个气缸按一定程序完成各自的动作，也称为顺序动作
回路。例如，单缸有单往复动作、二次往复动作和连续往复动作等；多缸按一定顺序进行，
有单往复或多往复顺序动作等。

1）单缸单往复动作回路

图 11 - 22（a）所示为行程阀控制的单缸单往复动作回路，当按下阀 1 的手动按钮后压
缩空气使阀 3 换向，活塞杆向前伸出，当活塞杆上的挡铁碰到行程阀 2 时，阀 3 复位，活塞
杆返回。图 11 - 22（b）所示为压力控制的往复动作回路，当按下阀 1 的手动按钮后，阀 3
阀芯右移，气缸无杆腔进气使活塞杆伸出（右行），同时气压还作用在顺序阀 4 上。当活塞
到达终点后，无杆腔压力升高并打开顺序阀，使阀 3 又切换至右位，活塞杆缩回（左行）。
图11 - 22（c）所示为利用延时回路形成的时间控制单缸单往复动作回路，当按下阀 1 的手
动按钮后，阀 3 换向，气缸活塞杆伸出，当压下行程阀 2 后，延时一段时间后阀 3 才能换
向，然后活塞杆再缩回。

由以上可知，在单往复动作回路中，每按下一次按钮，气缸就完成一次往复动作。

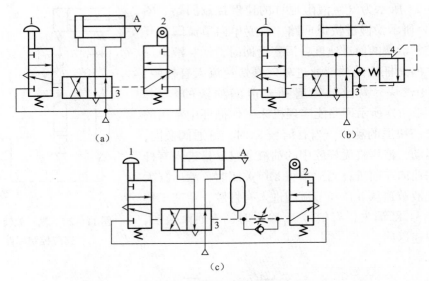

图 11-22　单缸单往复动作回路

2）连续往复动作回路

图 11-23 所示为连续往复动作回路，它能完成连续的动作循环。当按下阀 1 的按钮后，阀 4 换向，活塞向前运动，这时由于阀 3 复位而将气路封闭，使阀 4 不能复位，活塞继续前进；到行程终点压下行程阀 2，使阀 4 控制气路排气，在弹簧作用下阀 4 复位，气缸返回，在终点压下阀 3，在控制压力下阀 4 又被切换到左位，活塞再次前进。就这样一直连续往复，当提起阀 1 的按钮后，阀 4 复位，活塞返回而停止运动。

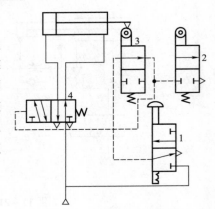

四、任务实训

图 11-23　连续往复动作回路

图 11-24 所示为某加工中心气动换刀系统原理，通过该系统能实现主轴定位、主轴松刀和拔刀、向主轴锥孔吹气和装刀动作。

整个控制过程为：当数控系统发出换刀指令后，主轴停止旋转，同时 4YA 通电，压缩空气通过气动三联件 1、换向阀 4、单向节流阀 5 进入主轴定位气缸 A 的右腔，从而推动气缸 A 的活塞左移使主轴自动定位。定位后压下开关使 6YA 通电，压缩空气通过换向阀 6、快速排气阀 8 进入气-液增压缸 B 的上腔，增压缸的高压使活塞杆伸出，实现主轴的松刀；同时使 8YA 通电，压缩空气经换向阀 9、单向节流阀 11 进入气缸 C 的上腔，活塞下移实现拔刀。然后由回转刀库交换刀具，同时 1YA 通电，压缩空气经换向阀 2、单向节流阀 3 向主轴锥孔吹气。接着 1YA 断电、2YA 通电，停止吹气，8YA 断电、7YA 通电，压缩空气经换向阀 9、单向节流阀 10 进入气缸 C 的下腔，活塞上移，实现装刀动作。6YA 断电、5YA 通电，压缩空气经换向阀 6 进入气-液增压缸 B 的下腔，使活塞退回，主轴机构使刀具夹紧。最后 4YA 断电、3YA 通电，气缸 A 的活塞在弹簧力的作用下复位，换刀完成。

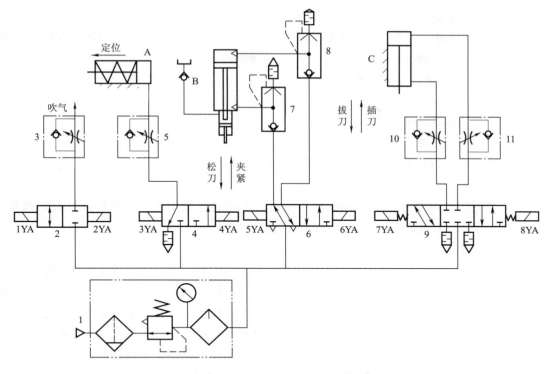

图 11－24　加工中心气动换刀系统原理

1—气动三联件；2，4，6，9—换向阀；3，5，10，11—单向节流阀；7，8—快速排气阀

五、技能点

（1）执行元件的动作状态分析。

（2）根据系统要求进行调试，熟悉各种回路的应用。

六、知识拓展

气动系统的维护保养与故障处理

（一）气动系统的使用与维护

气动系统在使用过程中，如果不注意维护保养工作，可能会频繁发生故障或元件过早损坏，使设备装置的寿命大大降低，造成巨大的经济损失，必须引起足够的重视。在进行气动系统的维护保养时，要具有针对性。及时发现问题，采取措施，可减少和防止故障的发生，延长气动元件和气动系统的使用寿命。

气动系统的维护保养工作包括以下内容：

（1）保证供给气动系统的是清洁干燥的压缩空气。

（2）保证气动系统良好的密封性。

（3）保证需要润滑的元件得到良好的润滑。

（4）保证气动元件和气动系统正常的工作条件（如压力、流量、电压等）在规定范围内。

气动系统的维护保养工作可以分为日常的维护工作和定期的维护工作。日常维护工作也称为经常性维护工作，是指每天必须进行的维护工作；定期维护工作是指每周、每月或每季度进行的维护工作。

1. 气动系统的使用注意事项

（1）开机前后要放掉气动系统中的冷凝水。

（2）定期给油雾器加油。

（3）随时注意压缩空气的清洁度。定期清洁或更换空气滤清器的滤芯。

（4）开机前检查各旋钮是否在正确的位置。对活塞杆和导轨等外露部分进行清洁后再开机。

（5）熟悉元件调节和控制机构的操作特点。气动设备长期不用，应使元件旋钮放松，以免长时间后造成元件失效，影响元器件的性能。

2. 气动系统的日常维护

日常维护工作的主要任务是冷凝水的排放、润滑油的检查和空压机系统的管理等。

（1）冷凝水的排放。气动系统中的冷凝水会使管道和元件生锈，防止冷凝水侵入压缩空气的方法是及时排除系统各处积存的冷凝水。冷凝水的排放涉及整个气动系统，包括空压机、后冷却器、储气罐、管道系统直至系统各处的空气过滤器、干燥器、自动排水器等。在每天工作结束后，应将各处的冷凝水排放掉，以防夜间温度低于0 ℃时导致冷凝水结冰。另外，由于夜间管道系统在低温下会析出冷凝水，所以在气动系统使用前应对冷凝水进行排放。对自动排水器要注意观察，防止水杯内的存水过量。

（2）润滑油的检查。气动系统从控制元件到执行元件，凡是有相对运动的表面都需要润滑。润滑不足，会使摩擦阻力增大，导致元件动作不良，使得摩擦面磨损加重，间隙增大而引起泄漏。在气动系统运行时，每天应检查一次油雾器的滴油量是否符合要求、润滑油颜色是否正常，且润滑油中不得混入灰尘和水分等。

（3）空压机系统的管理。每天应检查空气压缩机是否存在异常发热、异常声响，润滑油位是否正常。

3. 气动系统的定期维护

气动系统的定期维护工作大致可以分为每月和每季度维护，其主要内容包括漏气检查和油雾器管理。

由于泄漏会引起压缩空气损失而造成能量的损失，因而应至少每月对系统各泄漏处进行检查，对有泄漏的地方应及时修理。检查时应在休息或下班后车间比较安静的时候进行，此时根据漏气的声音也可查找到漏气的地方。检查漏气还可采用在各处涂肥皂泡的办法，此法比听声的方法更灵敏。

通过对方向阀阀口的检查，可以判断润滑油是否合适、空气中是否有冷凝水；定期检修时必须确认安全阀安全开关是否可靠，必须确认它们的动作可靠，以确保设备和人身安全；反复开关换向阀，观察气缸动作，以此判断活塞密封是否良好，活塞杆与导向套、密封圈的接触是否良好，判断元件各配合面是否有泄漏；对行程阀、行程开关以及各行程挡块进行定期检查，确认其安装的牢固性。

气动系统每季度维护的工作内容如表11 –1所示。

表 11 - 1　每季度维护的工作内容

序号	元件名称	维护内容
1	空气压缩机	进口过滤器有无堵塞
2	干燥器	冷媒压力有无变化，冷凝水排出口温度变化情况
3	过滤器	过滤器两侧压力是否超过容许范围
4	自动排水器	能否自动排水，手动操作装置是否正常工作
5	减压阀	旋转调节手柄，压力能否调节；系统压力为零时，压力表指针是否回零
6	安全阀	使进口压力高于安全阀设定压力，观察安全阀能否溢流
7	压力表开关	在最高和最低设定压力时，观察压力表开关能否正常接通和断开
8	压力表	压力表指示值是否在规定范围内
9	换向阀排气口	检查油雾喷出量，有无冷凝水排出，有无泄漏
10	电磁阀	电磁线圈温度是否正常，阀的切换动作是否正常
11	流量控制阀	调节阀的开口，检查其能否对其他元件进行流量控制
12	气缸	气缸运动是否平稳，端部是否有冲击，运动速度与循环周期有无明显变化，有无漏气，活塞杆有无锈蚀、划伤、偏磨，连接部位有无松动，磁性开关是否正常工作

（二）气动系统故障处理

气动系统发生故障时，引起故障的原因是多种多样的。故障发生的时期不同，故障的内容也不同，一般将气动系统故障分为初期故障、突发故障和老化故障。气动系统的故障多发生于系统中的主要元件。下面列出各种主要元件的常见故障和排除方法，分别如表 11 - 2 ~ 表 11 - 5 所示。

表 11 - 2　气缸常见故障和排除方法

故障		原因分析	排除方法
外泄漏	活塞杆端漏气	活塞杆安装偏心	重新安装调整，使活塞杆不受偏心和横向负荷
		润滑油供给不足	检查油雾器是否失灵
		活塞杆密封圈磨损	更换密封圈
		活塞杆有伤痕	更换活塞杆
	缸筒与缸盖间漏气	密封圈损坏	更换密封圈
	活塞两端串气	活塞密封圈损坏	更换密封圈
		润滑不良	检查油雾器是否失灵
		活塞被卡住，活塞配合面有缺陷	重新安装调整，使活塞杆不受偏心和横向负荷
		杂质挤入配合面	除去杂质，采用净化压缩空气
输出力不足动作不平稳		润滑不良	检查油雾器是否失灵
		活塞或活塞杆卡住	重新安装调整，消除偏心和横向负荷
		供气流量不足	加大连接管径或管接头直径
		有冷凝水、杂质	注意用净化干燥的压缩空气，防止水凝结
缓冲效果不良		缓冲密封圈损坏	更换密封圈
		调节螺钉损坏	更换调节螺钉
		气缸速度太快	注意缓冲机构是否合适

续表

故 障		原因分析	排除方法
损伤	活塞杆损伤	有偏心和横向负荷	消除偏心和横向负荷
		活塞杆受冲击负荷	冲击不能加在活塞杆上
		气缸速度太快	设置缓冲装置
	缸盖损伤	缓冲机构不起作用	在外部或回路中设置缓冲机构

表 11 – 3　油雾器常见故障和排除方法

故 障	原因分析	排除方法
油不能滴下来	没有产生油滴下落所需的压差	换成适当规格的油雾器
	油雾器方向装反	改变安装方向
	油道堵塞	清洗、检查、修理
	通往油杯的空气通道堵塞，油杯未加压	清洗、检查、修理
油杯未加压	通往油杯的空气通道堵塞	检查修理，加大通往油杯的空气管道
	油杯大，油雾器使用频繁	使用快速循环油雾器
输出端出现异物	过滤器滤芯损坏	更换滤芯
	滤芯密封不严	更换滤芯密封，紧固滤芯
	用有机溶剂清洗造成	用清洁的热水或煤油清洗
塑料水杯破裂	在有机溶剂环境使用	使用不受有机溶剂侵蚀的材料
	空压机输出某种焦油	更换空压机润滑油或使用无油压缩机或使用金属杯
	对塑料有害的物质被压缩机吸入	更换金属杯
漏气	密封不良	更换密封件
	因物理化学原因使塑料杯破裂	更换金属杯
	泄水阀自动排水失灵	修理

表 11 – 4　减压阀常见故障和排除方法

故 障	原因分析	排除方法
平衡状态下，空气从溢流口溢出	进气阀和溢流阀座有尘埃	取下清洗
	阀杆顶端和溢流阀座之间密封不良	更换密封圈
	阀杆顶端和溢流阀座之间研配质量不好	重新研配或更换
	膜片破裂	更换膜片
压力调不高	调压弹簧断裂	更换调压弹簧
	膜片破裂	更换膜片
	膜片有效受压面积与调压弹簧设计不合理	修改设计
调压时压力爬行，升高缓慢	过滤网堵塞	拆下清洗
	下部密封圈阻力大	更换密封圈或检查有关部位
出口压力发生剧烈波动或不均匀变化	阀杆或进气阀阀芯上密封圈表面损伤	更换密封圈
	进气阀芯与阀座之间导向接触不好	修理或更换阀芯

表 11 - 5　溢流阀常见故障和排除方法

故　　障	原因分析	排除方法
压力虽然已超过溢流阀调定压力，但不溢流	阀内部孔堵塞	清洗
	阀的导向部分进入异物	清洗
压力值超过溢流阀调定值，但出口有空气逸出	阀内进入异物	清洗
	阀座损伤	更换阀座
	调压弹簧失灵	更换调压弹簧
溢流时发生振动（主要发生在膜片阀，其气阀压差较小）	压力上升速度较慢，溢流阀放出流量多，引起振动	出口侧安装针阀微调溢流量，使其与压力上升量匹配
	气源至溢流阀之间被节流，溢流阀进口压力上升缓慢引起振动	增大气源至溢流阀之间的管径，消除节流
从阀体或阀盖向外漏气	膜片破裂（膜片式）	更换膜片
	密封件损坏	更换密封件

习题与思考题

11 - 1　简述常见气动压力控制回路及其用途。

11 - 2　画出气 - 液阻尼缸的速度控制回路原理图，并说明其特点。

11 - 3　气动系统的日常保养与维护包括哪些内容?

附录　常用液压与气动元件图形符号
（GB/T 786.1—2009）

附表 1　基本符号、管路及连接

名　称	符　号	名　称	符　号
工作管路		管端连接于油箱底部	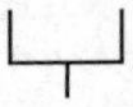
控制管路	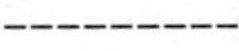	密闭式油箱	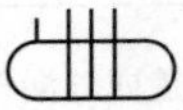
连接管路	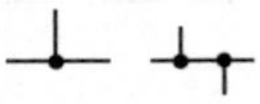	直接排气	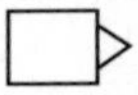
交叉管路	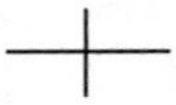	带连接排气	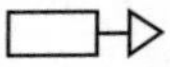
柔性管路		带单向阀快换接头	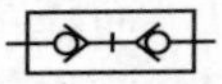
组合元件线		不带单向阀快换接头	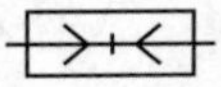
管口在液面以上油箱	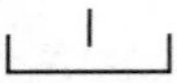	单通路旋转接头	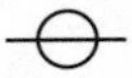
管口在液面以下油箱	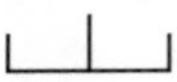	三通路旋转接头	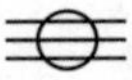

附表 2　控制机构和控制方法

名　称	符　号	名　称	符　号
按钮式人力控制	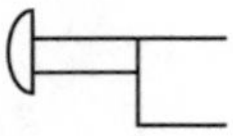	单作用电磁控制	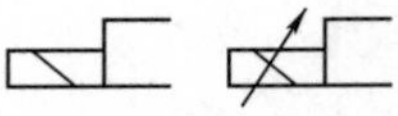
手柄式人力控制	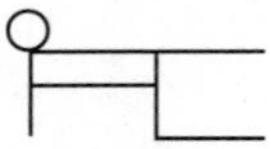	双作用电磁控制	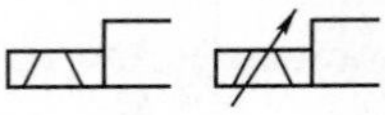
弹簧控制	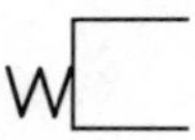	电动机旋转控制	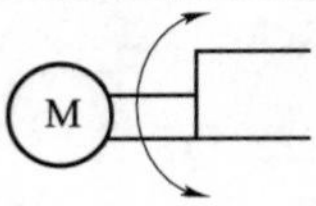
单向滚轮式机械控制	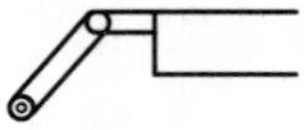	加压或卸压控制	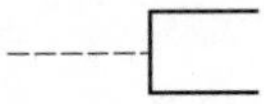

续表

名　称	符　号	名　称	符　号
滚轮式机械控制		气－液先导控制	
外部压力控制		内部压力控制	
气压先导控制		电－液先导控制	
踏板式人力控制		电－气先导控制	
顶杆式机械控制		液压先导卸压控制	
液压先导控制		电反馈控制	
液压二级先导控制		差动控制	

附表3　泵、马达和缸

名　称	符　号	名　称	符　号
单向定量液压泵		双向定量马达	
双向定量液压泵		定量液压泵－马达	
单向变量液压泵		变量液压泵－马达	
双向变量液压泵		双作用单活塞杆缸	
单向定量马达		双作用双活塞杆缸	

名　　称	符　　号	名　　称	符　　号
液压整体式传动装置		双向变量马达	
摆动马达		单向缓冲缸	
单作用弹簧复位缸		双向缓冲缸	
单作用伸缩缸		双作用伸缩缸	
单向变量马达		增压器	

附表 4　控制元件

名　　称	符　　号	名　　称	符　　号
直动式溢流阀		卸荷溢流阀	
先导式溢流阀		双向溢流阀	
先导式比例电磁溢流阀		直动式减压阀	

名　　称	符　　号	名　　称	符　　号
先导式减压阀		温度补偿调速阀	
直动式卸荷阀		旁通式调速阀	
制动阀		单向调速阀	
		分流阀	
不可调节流阀		三位四通换向阀	
可调节流阀		三位五通换向阀	
可调单向节流阀		溢流减压阀	
减速阀		先导式比例 电磁式溢流减压阀	
带消声器的节流阀		定比减压阀	
调速阀		定差减压阀	
		直动式顺序阀	

名　称	符　号	名　称	符　号
先导式顺序阀		与门梭阀	
单向顺序阀（平衡阀）		快速排气阀	
集流阀		二位二通换向阀	
分流集流阀		二位三通换向阀	
单向阀		二位四通换向阀	
液控单向阀		二位五通换向阀	
液压锁		四通电液伺服阀	
或门梭阀			

附表 5　辅助元件

名　　称	符　　号	名　　称	符　　号
过滤器		气罐	
磁芯过滤器		压力计	
污染指示过滤器		液面计	
分水排水器		温度计	
空气过滤器		流量计	
除油器		压力继电器	
空气干燥器		消声器	
油雾器		液压源	
气源调节装置		气压源	
冷却器		电动机	
加热器		原动机	
蓄能器		气－液转换器	

参 考 文 献

[1] 姜佩东. 液压与气动技术 [M]. 北京：高等教育出版社，2000.

[2] 章宏甲，黄谊，王积伟. 液压与气压传动 [M]. 北京：机械工业出版社，2000.

[3] 许福玲，陈尧明. 液压与气压传动 [M]. 北京：机械工业出版社，2007.

[4] 周进民. 液压与气动技术 [M]. 成都：西南交通大学出版社，2009.

[5] 侯会喜. 液压传动与气动技术 [M]. 北京：冶金工业出版社，2014.

[6] 李新德. 液压与气动技术 [M]. 北京：中国商业出版社，2008.

[7] 左健民. 液压与气压传动 [M]. 北京：机械工业出版社，2002.

[8] 朱梅. 液压与气动技术 [M]. 西安：西安电子科技大学出版社，2007.

[9] 李金海. 液压与气动技术 [M]. 北京：北京航空航天大学出版社，2008.